Erich Preuß

SIGNALE DEUTSCHER EISENBAHNEN

überarbeitet von Jürgen Krebs

seit 1920

transpress

Einbandgestaltung: Sven Rauert unter Verwendung folgender Abbildungen:

Formsignale: By WWSS1 - Own work, CC BY SA 3.0, https://commons.wikimedia.org/w/index.php?curid=21045835; **Hauptsignal:** By WWSS1 - Own work, CC BY-SA 3.0, https://commons.wikimedia.org/w/index.php?curid=21042268; **Brückendeckungssignal:** By Jürgen Pickl - Own work (Original text: selbst erstellt), CC BY-SA 3.0 de, https://commons.wikimedia.org/w/index.php?curid=37588411; **Nebensignal Ne 3:** By WWSS1 - Own work, CC BY-SA 3.0, https://commons.wikimedia.org/w/index.php?curid=21378944; **Nebensignal Ne 5:** By WWSS1 - Own work, CC BY-SA 3.0, https://commons.wikimedia.org/w/index.php?curid=21378946; **German main signal Ne 1 used on branch lines;** By Nakaner - Own work, CC0, https://commons.wikimedia.org/w/index.php?curid=39761325; **Signal Ne 13a:** By Alwin Meschede - von Alwin Meschede modifiziert aus Bild:So18a.PNG, Public Domain, https://commons.wikimedia.org/w/index.php?curid=12276040; **Ra 11 mit Sh 1:** By Nakaner - Own work, CC0, https://commons.wikimedia.org/w/index.php?curid=40695583; **Signal Sh 2 in Originalgrösse (nach Angaben der DB Netz AG):** By User:nenntmichruhigip on Wikimedia Commons - Own work, Public Domain, https://commons.wikimedia.org/w/index.php?curid=50009480; **Signalbild Sicas:** By Nairolfone - Own work, Public Domain, https://commons.wikimedia.org/w/index.php?curid=12678785; **Fotos Rückseite:** Erich Preuß

Bildnachweis:
Die zur Illustration dieses Buches verwendeten Aufnahmen stammen – wenn nichts anderes vermerkt ist – vom Verfasser.

ISBN 978-3-613-71724-4

2. überarbeitete Auflage 2024 (die 1. Auflage erschien 2012 unter der ISBN 978-3-613-71426-7)

Sie finden uns im Internet unter www.transpress.de

Lektor: Hartmut Lange
Innengestaltung: Jürgen Knopf
Repro: Medien und Printprodukte, 74321 Bietigheim-Bissingen
Druck und Bindung: Graspo Cz a.s., CZ-76302 Zlin
Printed in Czech Republic

Aus dem Vorwort zur 1. Auflage

Hf 2 – Ausfahrt in Großbothen 1968. Aus dem Signal Hf 2 wurde Hp 2, und die Rückseite der Nachtzeichen, Voll- oder Sternlicht, ist auch nicht mehr im Signalbuch enthalten. *Foto: Wünschmann*

Der Inhalt dieses Buches bezieht sich im Wesentlichen auf das Signalbuch der Deutschen Bahn, auch als Richtlinie 301 bezeichnet, vom 5. Juni 2011. Seit dem 16. März 2006, dem Tag des Inkrafttretens der Bekanntgabe 6 zur Druckschrift 301 bzw. Dienstvorschrift 301 der Deutschen Bahn besteht wieder eine Definition des Begriffs Signal. »'Signal' steht für ein Zeichen mit einer festgelegten Information. Die Kurzbezeichnung eines Signals (z. B. Zs 1) ist der Signalbegriff. Der Signalbegriff kann auch durch eine Langbezeichnung ergänzt sein (z. B. Ersatzsignal).

Die Einrichtung, mit der Zeichen (Signale) zu geben sind, wird in einem besonderen Punkt als ‚ortsfeste signaltechnische Einrichtung' Hauptsignal, Vorsignal, Sperrsignal aufgeführt.« [19]

Die Richtlinie 301, wie das Signalbuch nach der Terminologie der Deutschen Bahn bezeichnet wird, ist wie das frühere Signalbuch nach Signalgruppen, zum Beispiel Hauptsignale oder Signale für den Rangierdienst, gegliedert, die als Module bezeichnet werden. Der Deutschen Bahn erschien eine Gliederung nach Paragrafen, wie vorher Vorschriften bzw. Druckschriften strukturiert waren, als nicht mehr zeitgemäß.

Die hier verwendeten Texte und Illustrationen sind keine Kopie der Richtlinie 301 der Deutschen Bahn, schon gar nicht deren »bahnamtliche« Kommentierung. Der Typenkompass ist als Anschauungsmaterial und zum Nachschlagen für Außenstehende gedacht. Eisenbahner müssen das »amtliche« Signalbuch verwenden, wenn sie Signale und ihre Bedeutung lernen oder sich über sie vergewissern möchten.

Auch enthält dieses Buch nur selten Ausführungen zu den Richtlinien über die Anordnung der Signale oder ihren Bau. Er gibt hauptsächlich Aufschluss über das Signalbild und dessen Bedeutung im Eisenbahnbetrieb.

Am 14. Dezember 2008 trat die Bekanntgabe 1 zur Richtlinie 301 in Kraft. Mit ihr ersetzte die Deutsche Bahn die bisher geltenden Signalbücher der Deutschen Bundesbahn, Druckschrift 301, das Signalbuch der Deutschen Reichsbahn, Dienstvorschrift 301, und das Gemeinsame Signalbuch, das für beide Geltungsbereiche in zwei Spalten getrennt war und dadurch das Gemeinsame und das Unterschiedliche der Signalbilder sowie deren Bedeutung herausstellte.

Unmöglich war es, sofort mit der Fusion von Deutscher Bundes- und Deutscher Reichsbahn zur Deutschen Bahn AG am 1. Januar 1994 die Signalbücher anzupassen – schon aus finanziellen und didaktischen Gründen. Das konnte und sollte schrittweise geschehen.

Gleichwohl sind noch 2012 Unterschiede erhalten geblieben, die man in der DB-Richtlinie 301 im Kopf der jeweiligen Signale durch den Zusatz »DS« für Signale im Netz der Deutschen Bundesbahn und »DV« für Signale im Netz der Deutschen Reichsbahn erkennt. Die Richtlinie meidet die Namen der beiden Staatsbahnen bis 1993, sondern schreibt im Modul 301.0001, Absätze 4 und 5:

»Soweit in dieser Richtlinie einzelne Bestimmungen nur in den Bundesländern Schleswig-Holstein, Hamburg, Niedersachsen, Bremen, Nordrhein-Westfalen, Hessen, Rheinland-Pfalz, Saarland, Baden-Württemberg und Bayern angewendet werden, ist bei der Bestimmung, in der

Abschnittsüberschrift oder im Modul der Vermerk ,(DS 301)' angebracht.«
Analog heißt es »...nur in den Bundesländern Mecklenburg-Vorpommern, Brandenburg, Berlin, Sachsen-Anhalt, Sachsen und Thüringen angewendet werden, ist bei der Bestimmung, in der Abschnittsüberschrift oder im Modultitel der Vermerk ,(DV 301)' angebracht.«
Absatz 4 steht für das ehemalige Netz der Deutschen Bundesbahn; Absatz 5 für das der Deutschen Reichsbahn. Doch die Deutsche Bahn AG nennt die beiden Staatsbahnen, aus denen sie hervorgegangen ist, nicht mehr namentlich. Damit das Zugpersonal weiß, welche Regeln wo gelten, wird der Wechsel der betrieblichen Regeln und der Geltungsbereiche von DS 301 und DV 301 im Verzeichnis der Langsamfahrstellen und betrieblichen Besonderheiten genannt. Die Spalte an jener Stelle der Strecke enthält das Symbol Kreis mit DS über dem Bruchstrich, DV unter ihm.
Am 13. Dezember 2009 folgte die Bekanntgabe 2, die hauptsächlich Schreibfehler korrigierte und hier nicht kommentiert werden muss.
Das Wesentliche der Bekanntgabe 3, seit 12. Dezember 2010 in Kraft, war die Einführung von Ankündigungsbaken für Rückfallweichen sowie die Einführung entsprechender Signale, wie es sie bereits bei der Deutschen Reichsbahn gegeben hatte, für das gesamte Netz der Deutschen Bahn.
Die seit 5. Juni 2011 geltende Bekanntgabe 4 regelte das Verhalten gegenüber Langsamfahrsignalen eindeutig und passte die bisherigen Regeln dem Einsatz von Zügen mit Neigetechnik an. Auch die ECTS-Halt-Tafel wurde eingeführt. Auf all diese Bestimmungen wird bei den jeweiligen Signalen eingegangen.
Die Bekanntgaben zeigen, dass das Signalwesen der Eisenbahn bei allem Dogmatischen nichts Feststehendes ist, sondern aus verschieden Gründen (Stand der Technik, Wegfall von Betriebsformen, die Anpassung an die Richtlinie 408 (Fahrdienstvorschrift) oder die Harmonisierung mit anderen zwischenzeitlich veränderten Vorschriften beispielsweise) ständig im Fluss ist.

Erich Preuß Berlin

Vorwort zur überarbeiteten zweiten Auflage

Der Anfang April 2014 verstorbene Fachbuchautor Erich Preuß bearbeitete die 1. Auflage dieses Titels vor 12 Jahren. Inzwischen entwickelte sich das Signalwesen der deutschen Eisenbahnen weiter. Einige neue Signale kamen hinzu, andere sterben aus. Das Signalbuch wurde seitdem achtmal überarbeitet. Derzeitig liegt die Aktualisierung 12 des Signalbuches vor, die ab 15.12.2024 in Kraft ist. Die Neubearbeitung berücksichtigt sich daraus ergebende, teils grundsätzliche Anpassungen und beseitigt gleichzeitig einige Unschärfen der 1. Auflage. Einzelne Signale sind für den Bereich der alten Bundesländer seit dem 30.11.1995 bis zum Inkrafttreten der 4. Änderungsverordnung zur Eisenbahn-Signalordnung behördlich nur als Betriebsversuch genehmigt. Diese Verordnung lässt aber fast 30 Jahre später immer noch auf sich warten.
Hinzugekommen sind Aussagen zu anzeigegeführten Zügen und zu einigen Signalen, die nicht im Signalbuch stehen. Sie kommen bei einzelnen nichtbundeseigenen Eisenbahnen (NE) zur Anwendung. Dazu werden in der Sammlung betrieblicher Vorschriften (SbV) der jeweiligen NE entsprechende Regelungen getroffen. Diese Beispiele erheben keinen Anspruch auf Vollständigkeit.

Barby (Elbe) im Sommer 2024

Jürgen Krebs

INHALT

Modul 301.0002, Abschnitt 8[1]

Bedeutung:

Die Schilder an den Signalmasten kennzeichnen Lichtsignale (Lichthaupt- und Sperrsignale), an deren Standort bei erloschenem Signal zu halten ist. Sie regeln auch die Verhaltensweisen des Triebfahrzeugführers gegenüber Halt zeigenden bzw. gestörten Lichtsignalen.

[1] Die Angaben zu Modul und Abschnitten beziehen sich auf die Richtlinie 301 - Signalbuch - der Deutschen Bahn mit Stand vom 15.12.2024

Kennzeichnung des Lichtsignals:

- weiß-rot-weiß,
- ein mit der Spitze ***nach oben weisendes rotes Dreieck*** auf weißem Grund (nur anfangs bei Einführung der Kombinationssignale verwendet und nur »im Geltungsbereich der DV 301«),
- weiß-gelb-weiß-weiß,
- rot (nur bei der S-Bahn Berlin mit Gleichspannungsbetrieb),
- weiß-schwarz-weiß-schwarz-weiß (nur bei der S-Bahn Berlin und Hamburg mit Gleichspannungsbetrieb),
- weiß mit zwei schwarzen Punkten (nur »im Geltungsbereich der DV 301«).

An Formhauptsignalen sind rot-weiße Mastbleche zur besseren Erkennbarkeit angebracht. *Foto: Emersleben*

Die Maste der Formhauptsignale tragen rot-weiße Bleche, damit sie besser erkennbar sind. Für das Verhalten der Triebfahrzeugführer sind sie bedeutungslos. Sie werden auch als Mastbleche bezeichnet. Das Signalbuch trifft ab Dezember 2024 dazu keine Aussage mehr.
Anders verhält es sich bei Lichtsignalen. Sie sind zwar, sofern sie nicht erloschen sind, in der Regel gut erkennbar. Es muss aber insbesondere das Verhalten gegenüber Halt zeigenden Signalen geregelt werden. In vielen Störungsfällen können sie aus technischen Gründen keinen Fahrtbegriff zeigen. Informationen, unter welchen Bedingungen der Triebfahrzeugführer nun gegegebenenfalls weiterfahren darf, entnimmt er den unterschiedlich gestalteten Mastschildern. Weiterhin gibt es die Möglichkeit von dunkel geschalteten Signalen. Das betrifft das zeitweilige Ausschalten ortsfester Signale, wenn der Zug mit der anzeigegeführt – z. B. durch die linienförmige Zugbeeinflussung (LZB) gesteuert wird. Ein dunkles Lichtsignal, dass aus anderen Gründen nicht gelten soll, wirddurch ein weißes Kennlicht im Signalschirm gekennzeichnet. Dem Triebfahrzeugführer muss eindeutig angezeigt werden, wie er sich verhalten soll: Soll er das Signal ignorieren, oder hat er besondere Vorsicht walten zu lassen, gegebenenfalls anzuhalten? Das Mastschild zeigt, welche von den unterschiedlichen Regeln zu beachten sind.

Fahrt mit höchstens 80 km/h. Das Vorsignal ist dunkel geschaltet, weil für die frei gegebene Richtung das Hauptsignal R ein Ausfahrsignal ist, dem kein weiteres Hauptsignal folgt.

Die Zuordnungstafeln (weiße Dreiecke) waren einmal im »Geltungsbereich der DV 301« das Signal So 20. Sie haben sich mit den Richtungspfeilen im gesamten Netz der Deutschen Bahn verbreitet, zeigen sie doch bei unklaren Umständen an, für welches Gleis das Signal gilt.

Das weiße Licht zeigt an, dass das Signal betrieblich zeitweilig abgeschaltet ist.

Am Halt zeigenden Lichtsignal mit dem weiß-rot-weißen Mastschild oder mit dem mit einem roten, ***nach oben weisenden Dreieck*** dürfen Züge nur auf Ersatz-, Vorsichts-, Gegengleisfahrt-Ersatzsignal, auf schriftlichen Befehl oder, sofern das Signal Zs 12 (siehe Seite 46) angebracht ist, auf mündlichen oder fernmündlichen Auftrag vorbeifahren.

Ist das Lichthauptsignal mit einem weiß-gelb-weiß-gelb-weißen Mastschild versehen und zeigt es Halt oder ist es gestört, dürfen Züge nach dem Anhalten ohne Zustimmung vorbeifahren, wenn die Verständigung mit dem Fahrdienstleiter unmöglich ist. Bis zum nächsten Hauptsignal ist auf Sicht zu fahren. Hauptsignale mit derartigen Mastschildern stehen an Strecken mit Selbstblock oder automatischem Streckenblock.

Lichthauptsignale im »Geltungsbereich der DV 301« wurden nach 1995 mit dem Vorsignal-Mastschild nachgerüstet, wenn sie zugleich die Funktion eines Vorsignals besitzen. Bis dahin galt für die Hl-Signale die strikte Geschwindigkeitssignalisierung.

Ohne Zustimmung dürfen die Triebfahrzeugführer der Gleichstrom-S-Bahnen von Berlin und Hamburg an Halt zeigenden oder gestörten

Ein Mastschild darf auch am Signalschirm angebracht sein.

Selten und nur in den Neuen Bundesländern sieht man das Mastschild mit dem roten Dreieck als Hinweis auf ein Ks-Signal mit Hauptsignalfunktion.

Mastschilder in weiß-gelb-weiß-gelb-weiß kennzeichnen Selbstblocksignale.

Lichthauptsignalen nach dem Anhalten vorbeifahren, wenn es durch ein weiß-schwarz-weiß-schwarz-weißes Mastschild gekennzeichnet ist. Für das anschließende Verhalten gelten besondere Richtlinien dieser Bahnen. Hauptsignale mit diesem Mastschild besitzen zugleich die Funktion eines Vorsignals.

Das Mastschild wurde um das gelbe Dreieck ergänzt, um anzuzeigen, dass das Hauptsignal zugleich eine Vorsignalfunktion (für das folgende Hauptsignal) besitzt.

Das weiß-schwarz-weiß-schwarz-weiße Mastschild erlaubt beim Halt zeigenden Signal das Fahren auf Sicht.

Nur im »Geltungsbereich der DV 301« - heute nur noch im Bereich der Gleichstrom-S-Bahn Berlin - stehen Lichthauptsignale mit rotem Mastschild. An dem darf bei Halt oder einer Störung auf Ersatz-, Gegengleisfahrt-Ersatzsignal, Befehl oder, sofern das Signal Zs 12 (M-Tafel) vorhanden ist, auf mündlichen oder fernmündlichen Auftrag vorbeigefahren werden. Danach gilt die eine besondere Richtlinie für diese Bahn.

Am Lichtsignal mit weißem Mastschild und zwei schwarzen Punkten gibt es nur im »Geltungsbereich der DV 301«. Daran dürfen Züge, wenn es Halt zeigt, nur auf Befehl vorbeifahren. Ist es erloschen oder zeigt es das Signal Ra 12 (siehe Seite 57), dann ist es für Züge bedeutungslos.

Eine ganz andere Funktion haben die 1) Zuordnungs- und 2) Richtungspfeile (1. weißes Dreieck auf schwarzem Grund, 2. gelber Pfeil auf schwarzem Grund): Sie zeigen dem Triebfahrzeugführer mit dem Zuordnungspfeil, für welches Gleis, mit dem Richtungspfeil für welche Fahrtrichtung das Signal gilt. Ehe es diese Signale gab, wurde das allein aus der »La«, der Zusammenstellung der vorübergehend eingerichteten Langsamfahrstellen und sonstigen Besonderheiten (die Bezeichnung der »La« wurde wiederholt geändert), bekannt.

Ungültige Signale

Modul 301.0002, Abschnitt 9
Bedeutung und Signalbild:
Das weiße Kreuz mit schwarzem Rand (»ausgekreuzt«) am Signal zeigt an: Das Signal ist ungültig.

Am ungültigen Signal wird ein weißes Kreuz mit schwarzem Rand befestigt, oder das Signal wird verdeckt. Von dieser Möglichkeit wird bei der Stilllegung, bei neuen, aber noch nicht in Betrieb genommenen Signalen oder in anhaltenden Arbeitspausen von Baustellen Gebrauch gemacht.

Ungültige Formsignale werden bei Dunkelheit nicht beleuchtet, Lichtsignale gelöscht. Man achte jedoch auf das Detail: Ist an einem Mast nur ein Signal ungültig, dann wird dieses »ausgekreuzt« bzw. gelöscht, aber das andere Signal, beispiels-

Das Signal 3172 trägt am Schirm das rote Mastschild.

Die neuen Lichtsignale sind noch nicht gültig und daher mit den Kreuzen versehen. *Foto: Richard Schulz*

Das Mastschild wurde für Sperrsignale in den Neuen Bundesländern geschaffen.

weise das Vorsignal am Hauptsignal, ist weiter gültig.

Bei Langsamfahrstellen wird das Signal Lf 1 (siehe Seite 53) mit dem Kreuz als ungültig gekennzeichnet, die folgenden Signale Lf 2 und Lf 3 dürfen nicht aufgestellt oder müssen verdeckt sein. Entsprechendes gilt für das Signal El 3 (siehe Seite 82) sowie die folgenden Signale El 4 und El 5.

Auch Lf-Signale erhalten das Kreuz, wenn sie nicht gültig sind.

Die Stellwerke und die Formhauptsignale, hier obendrein auch die Variante mit den kurzen Flügeln, gaben den Bahnhöfen den unverwechselbaren Charakter.

Haupt-, Vor- und Sperrsignale

Modul 301.0003 Abschnitte 1 - 3
Das Signalbuch fasst die grundsätzlichen Regeln für Haupt-, Vor- und Sperrsignale in einem Modul zusammen.
Bis 2024 waren sie in den einzelnen Signalgruppen gegeben, galten vielfach für mehrere Signalgruppen (Hp-, Ks-, Hl- und Vr-Signale).

Hauptsignale

Aufgabe eines Hauptsignals ist es anzuzeigen, ob der anschließende Gleisabschnitt von Zugfahrten befahren werden darf. Dabei werden zwei Arten verwendet:

- Lichtsignale mit ein oder zwei Lichtern als Tages- und Nachtzeichen oder
- Formsignale mit einem oder zwei Flügel als Tageszeichen und ebenso viele Lichter als Nachtzeichen. Solange Züge in der betreffenden Fahrtrichtung verkehren müssen die Nachtzeichen der Formhauptsignale müssen in der Regel leuchten. Ein möglicher zeitweiser Verzicht auf die Anwendung der Nachtzeichen wird örtlich geregelt (örtliche Zusätze / Sammlung betrieblicher Vorschriften).

Die Lichthauptsignale werden durch Mastschilder (siehe Seite 7ff) gekennzeichnet. Im Gegensatz dazu erhalten die Maste der der Formhauptsignale eine rot-weiße Kennzeichnung zur besseren Erkennbarkeit.

Hauptsignale kommen zur Anwendung als

- Einfahrsignale,
- Ausfahrsignale,
- Zwischensignale,
- Blocksignale,
- Deckungssignale vor Gefahrstellen.

Hauptsignale im Bahnhof, die keine Ein- oder Ausfahrsignale ***sind, werden*** als Zwischensignale bezeichnet.

An einem Signalträger kann ein Lichthauptsignal mit einem Lichtvorsignal für ein folgendes Hauptsignal vereinigt sein. In diesem Fall befindet sich das Hauptsignal über dem Vorsignal. Das Vorsignal erhält dann keine Vorsignaltafel. Die Haupt- und Vorsignalbedeutung können auch in einem Signalbild vereinigt sein. Man spricht dann von einem Hauptsignal mit Vorsignalfunktion. Lichthaupt- und Lichtvorsignale können in festen Abständen folgen, bei Strecken mit einem vorgesehenen Bremsweg von 1.000 Meter stehen sie im Abstand von 1.000 bis 1.300 Meter.

Da die Fahrtstellung von Hauptsignalen ausschließlich für Zugfahrten gilt, müssen sich nähernde Rangierfahrten in solchem Fall anhalten und das Signal Hp 0 abwarten. Für die Vorbeifahrt einer Rangierfahrt an einem Hauptsignal ist die Zustimmung des Wärters abzuwarten.

Anschließender Weichenbereich

Geschwindigkeitsbeschränkungen, die durch bzw. an einem Hauptsignal gezeigt werden, gelten vom Hauptsignal an für den anschließenden Weichenbereich. Das Signalbuch begrenzt diesen, für die sichere Durchführung der Fahrt wichtigen Bereich, wie folgt:
»Der Anfang liegt an dem Signal, ab dem die Fahrt zugelassen wird.
Das Ende liegt

- bei einer Fahrt auf Einfahrsignal oder Zwischensignal am folgenden Hauptsignal oder an einem etwa davor liegenden - bei mehreren, am letzten - gewöhnlichen Halteplatz des Zuges,
- bei einer Fahrt auf Ausfahrsignal hinter der letzten Weiche im Fahrweg, wenn keine Weiche vorhanden ist, am Ausfahrsignal,
- auf Abzweigstellen, Überleitstellen und auf Anschlussstellen mit Hauptsignal hinter der letzten Weiche im Fahrweg.

Ist am Ende eines anschließenden Weichenbereichs eine höhere Geschwindigkeit zugelassen, darf die Geschwindigkeit erst dann erhöht werden, wenn der Zug den anschließenden Weichenbereich vollständig verlassen hat. Dies gilt nicht bei Halt am gewöhnlichen Halteplatz.« [1]
Eine Aufhebung bzw. Änderung der vorgeschriebenen Geschwindigkeitsbeschränkung vor dem Ende des anschließenden Weichenbereichs kann durch das Signal Zs 10 bzw. durch ein alleinstehendes Signal Zs 3 angezeigt werden.

Vorsignale

Vorsignale zeigen an, welches Signalbild am zugehörigen folgenden Hauptsignal zu erwarten ist. Sie sind entweder ortsfeste Licht- oder Formsignale oder Wärtersignale ausgeführt.
Dabei handelt es sich entweder
a) um Lichtsignale mit ein oder zwei Lichtern als Tages und Nachtzeichen oder
b) um Formvorsignale, bestehend aus der um eine waagerechte Achse klappbaren gelben runden Scheibe mit schwarzem Ring und weißem Rand. Unter der Scheibe kann sich ein beweglicher
- gelber, schwarzgerahmter pfeilförmiger Flügel mit weißem Rand oder
- ein weißer pfeilförmiger Flügel mit rotem Rand befinden.
Bei über dem Gleis angebrachten Formvorsignalen befindet sich der Flügel über der Scheibe.

Die Nachtzeichen der Formvorsignale müssen so lange leuchten wie die der zugehörigen Haupt- oder Schutzsignale.

Alleinstehende Vorsignale werden durch eine Vorsignaltafel (Signal Ne 2) gekennzeichnet.

In der Regel im Bremswegabstand werden sie im Bremswegabstand vor dem zugehörigen Signal aufgestellt. Bei kürzerem Abstand wird das besonders angezeigt.
Lichtvorsignale, die in einem um mehr als 5 % kürzeren Abstand als dem Bremsweg der Strecke vor dem zugehörigen Signal stehen, werden durch ein weißes Zusatzlicht gekennzeichnet.
Ausnahme: Licht- und Formvorsignale im Geltungsbereich der DV 301, die in einem um mehr als 5 % kürzeren Abstand aufgestellt sind und nicht mit Zusatzlicht kenntlich gemacht sind, erhalten eine besondere Vorsignaltafel für verkürzten Vorsignalabstand.

Lichtvorsignale am Mast von Lichthauptsignalen sind dunkel, wenn sie für die eingestellte Fahrstraße nicht gelten oder das Hauptsignal über dem Vorsignal Hp 0 zeigt.

Vorsignalwiederholer werden bei schlechter Sicht auf das Hauptsignal aufgestellt. Diese Lichtsignale zeigen das gleiche Signalbild wie das Vorsignal und weiterhin
a) ein weißes Zusatzlicht oder
b) eine rechteckige weiße Tafel mit schwarzem Rand und schwarzem Ring am Signalmast (nur im Geltungsbereich der DV 301).
Sie werden nicht durch Vorsignalbaken angekündigt. Auf ihren Standort wird auch nicht durch eine Vorsignaltafel aufmerksam gemacht.

Die Wärtervorsignale können nur die runde Scheibe und damit nur die Warnstellung zeigen. Weil sie zum Tragen geeignet sein müssen, ist ihre Scheibe kleiner und unbeweglich. Das und das Signal besitzt keine zusätzlichen Flügel. Nachts zeigt das Wärtervorsignal zwei gelbe, ***nach rechts steigende Lichter.***

Sperrsignale

Sperrsignale zeigen an, ob in den folgenden Gleisabschnitt eingefahren werden darf oder ob eine Drehscheibe bzw. Schiebebühne befahren werden darf.
Sperrsignale können auch angewendet als

- Zugdeckungssignale an Bahnsteigen,
- Brückendeckungssignale und
- Deckungssignale an Rückfallweichen (kommt vordergründig im Bereich der DS 301 zur Anwendung).

In der Grundstellung zeigen Zugdeckungssignale und Deckungssignale an Rückfallweichen ein weißes Licht (Kennlicht).

Hp-Signale

Modul 301.0101, Abschnitte 1 - 4

Bedeutung:

Hp-Signale bilden, neben Ks-, Sk-, Hl- und Sv-Signalen, eine Form der Hauptsignale. Dabei bildet das Signal Hp 0 den einheitlichen Haltbegriff für alle Signalsysteme.

Das Signal Hp 0 gilt für Zug- und Rangierfahrten, die Signale Hp 1 und Hp 2 dagegen nur für Zugfahrten.

Signalbild:

Form – oder Lichtsignal mit einem oder zwei Flügel als Tageszeichen bzw. mit einem Licht oder zwei Lichtern als Tages- und Nachtzeichen.

Das Hp 0 als Lichtsignal

Hp 0

Zeigt als Formsignal einen Signalflügel, bei zweiflügligen Signalen den oberen, waagerecht nach rechts. Nachts: ein rotes Licht.
Als Lichtsignal ein rotes Licht oder zwei rote Lichter nebeneinander. Es wird am Hauptsignal oder am Sperrsignal gezeigt.

Halt

Das Signal Hp 0 gilt für Zug- und Rangierfahrten (»Absoluthalt«). Die Rangierfahrt hat die Zustimmung des Wärters abzuwarten. Mit dem Signal Sh 1 oder Ra 12 (nur im Geltungsbereich der DV 301) wird das Haltegebot für Rangierfahrten aufgehoben. Wo an Lichthauptsignalen im »Geltungsbereich der DS 301« noch das Doppelrot besteht, verlischt beim Aufleuchten des Signals Sh 1 ein rotes Licht.

Das niedrige Ausfahrsignal hinter dem Bahnsteigdach kann der Triebfahrzeugführer von weitem erkennen, da es nicht durch ein Bahnsteigdach verdeckt ist. Foto: Emersleben

Der weiß gestrichene Lattenrost soll den oberen Signalflügel vor den Masten besser erkennbar machen.

Der Mast des Signals, das Hp 1 zeigt, trägt die Signalkörper für das Ersatzsignal. Unmittelbar davor befindet sich ein Lichtsperrsignal, dass Sh 1 zeigt.

Das Hp 1 als Lichtsignal mit Zusatzsignalen

Hp 1

Beim Formsignal zeigt ein Signalflügel, bei zweiflügligen Signalen der obere, schräg nach rechts aufwärts. Das Nachtsignal und das Lichtsignal zeigen ein grünes Licht.

Fahrt

»Fahrt« bedeutet, das Signal erlaubt die Fahrt mit der im Fahrplan zugelassenen Geschwindigkeit, es sei denn, sie ist auf andere Weise (weitere Signale, Weisungen, zum Beispiel in der La) eingeschränkt.

Abb. rechts: Hp 2 – Langsamfahrt – in Verbindung mit dem Signal Vr 0 – Halt erwarten –, das im verkürzten Bremswegabstand steht. Das tiefstehende Formsperrsignal zeigt Sh 1 – Fahrverbot aufgehoben.

Hs

Hp 2

Beim Formsignal zeigen zwei Signalflügel schräg nach rechts aufwärts, das Nachtzeichen und das Lichtsignal zeigen ein grünes und darunter ein gelbes Licht.

Langsamfahrt

Das Signal erlaubt eine Geschwindigkeit bis zu 40 km/h, es sei denn, das Signal Zs 3 zeigt eine andere Geschwindigkeit. Abhängig ist das unter anderem vom Radius der Weiche in der ablenkenden Stellung. Weitere abweichende Geschwindigkeiten können der Fahrplan oder die La oder bei NE auch die SbV vorgeben.

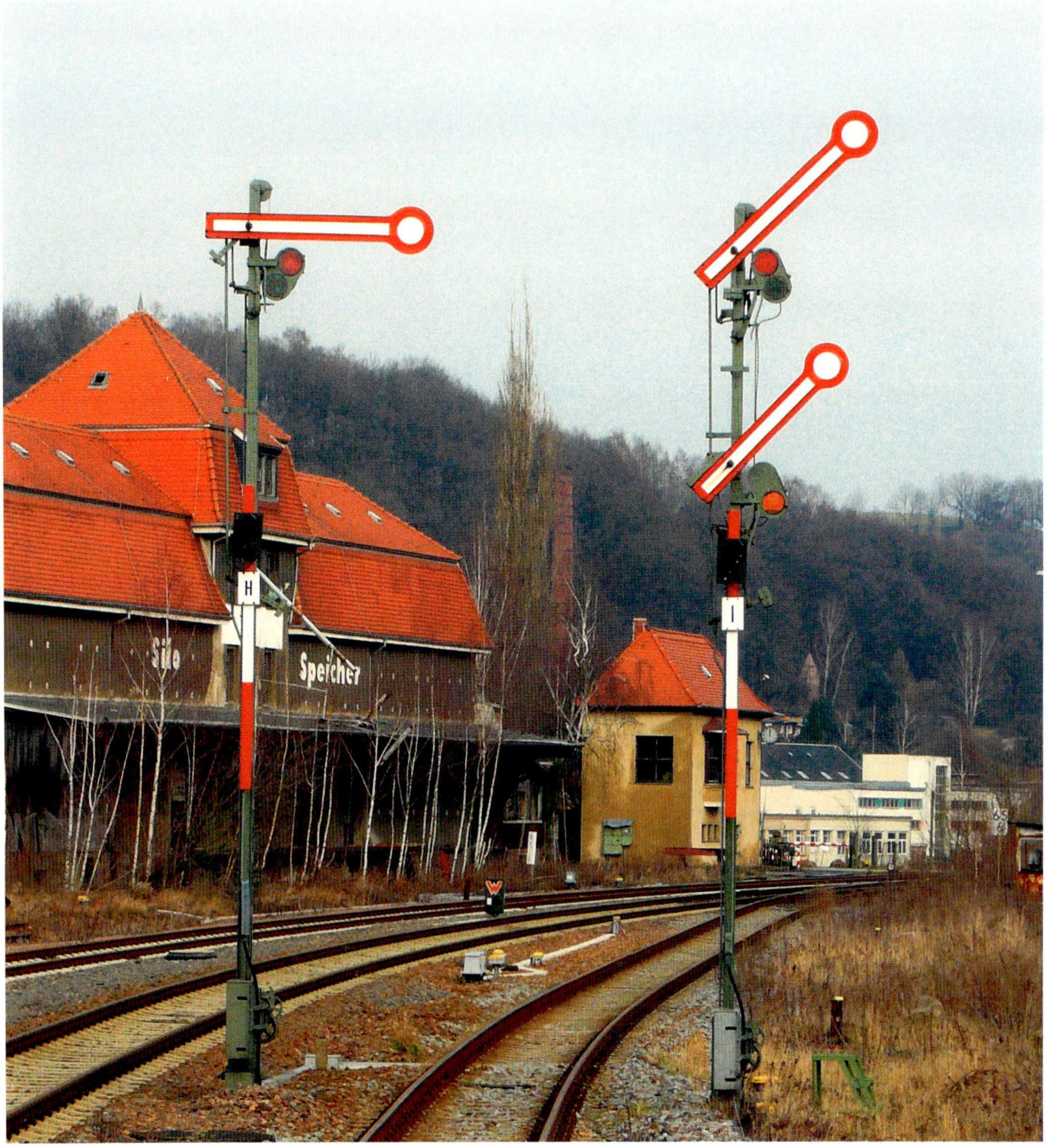

Langsamfahrt aus dem Bahnhof. Der Triebfahrzeugführer darf im anschließenden Weichenbereich 40 km/h fahren. *Foto: Emersleben*

Modul 301.0102, Abschnitte 1 - 3

Bedeutung:
Die Ks-Signale zeigen mit einem Licht die Fahraufträge an; sie kombinieren das Haupt- und das Vorsignal.

Signalbild:
Ein grünes oder ein gelbes Licht, gegebenenfalls mit Zusatzlicht; auch können Zusatzsignale (Zs) über oder unter dem Signal erscheinen.

Mit der Einführung der elektronischen Stellwerke bei der Deutschen Reichsbahn wurde die Situation genutzt, das System der Lichtsignale zu vereinfachen. Die Betriebserprobung begann im Juni *1993 auf* den Strecken Magdeburg-Sudenburg [ausschließlich]—Helmstedt [ausschließlich] (ESTW Eilsleben) und Berlin-Grunewald—Potsdam-Rehbrücke / Griebnitzsee (ESTW Wannsee).

Die Kombinationssignale sind, sofern sie zusätzlich die Funktion eines Vorsignals besitzen, durch ein Mastschilder gekennzeichnet: mit der Spitze ***nach unten weisendes gelbes Dreieck. Allein stehende*** Vorsignale erhielten diese Kennzeichnung anfänglich auch. Seit 1995 werden auch sie mit einer Vorsignaltafel Ne 2 (siehe Seite 90) gekennzeichnet. Die besondere Kennzeichnung der Signale mit Hauptsignalfunktion (rotes Dreieck auf

Am Zwischensignal 30ZU7 wird Ks 2 - Halt erwarten in Verbindung mit dem Zusatzsignal Zs 3 angezeigt, dass die Geschwindigkeit auf 60 km/h beschränkt. Zudem steht das Signal in verkürztem Bremswegabstand zum nächsten Signal (weißes Zusatzlicht oben). Das Zusatzsignal Zs 2 zeigt an, welches Gleis benutzt bzw. in welche Richtung die Fahrstraße eingestellt ist.

Das erste Signal ist der Vorsignalwiederholer, denn das Zusatzlicht wird unter dem Signal angezeigt. Die gelbe 4 ist das Signal Zs 3 v, das auf die zulässige Geschwindigkeit von höchstens 40 km/h vom nächsten Hauptsignal an hinweist. An dem, vom Bahnsteigdach für den Lokomotivführer etwas verdeckt, sehen wir dann auch die weiße 4 als Signal Zs 2. Das Hauptsignal ist zugleich ein Vorsignal.

weißem Grund, siehe Seite 6) war nur in den Neuen Bundesländern eingeführt worden, wird seit 1995 nicht mehr neu angebracht und stirbt aus. Stehen Kombinationssignale mit Vorsignalfunktion in einem um mehr als 5 Prozent verkürzten Abstand des Bremsweges der Strecke vor dem zugehörigen Signal, zeigen sie in der Stellung Ks 1 mit Zs 3 v und bei der Stellung Ks 2 ein weißes Zusatzlicht ***über*** dem Signallicht. Vorsignalwiederholer zeigen dagegen bei diesen Signalbildern ein weißes Zusatzlicht ***unter*** dem Signalbild.

Ks 1

Ein grünes Licht oder ein grünes Blinklicht, wenn an diesem Signal auch das Signal Zs 3 v gezeigt wird.

Fahrt

Für die Geschwindigkeit gilt das bei den Hp-Signalen Geschriebene.

Ks 2

Ein gelbes Licht.

Halt erwarten

Ein Signal Ks 0 (Halt) gibt es nicht. »Halt« wird entsprechend dem Lichtsignal Hp 0 signalisiert.

Abb. rechts: Ks 1 in Verbindung mit den Zusatzsignalen Zs 2v (Gleis S) und Zs 3v (4 = 40 km/h vom nächsten Signal an). Die weiterhin am Signalschirm befestigte Kreisscheibe hat inzwischen ihre Bedeutung verloren.

Modul 301.9002, Abschnitte 1 - 4

Bedeutung:

Sk–Signale können Haupt- und Vorsignale an einem Mast zu einem Signal vereinigen aber auch ***einzeln stehende*** Haupt- und Vorsignale darstellen.

Signalbild:

Ein grünes oder ein gelbes Licht.

Ab Juli 1977 führte die DB auf der Strecke Augsburg—Donauwörth den Betriebsversuch mit Signalkombinationen (Sk-Signalen) zur Erprobung eines neuen Signalsystems für die geplanten Neubaustrecken durch. Dieses Sk-Signalsystem zeigte nicht mehr die herkömmlichen Signalbegriffe, sondern stellte eine Kombination von Haupt- und Vorsignal dar.

Sk-Signale erhielten im Gegensatz zu HV-Signalen keine herkömmlichen Mastschilder und auch keine Vorsignaltafel. Sk-Hauptsignale bekamen ***ein rotes, einzeln stehende Sk-Vorsignale*** und Vorsignalwiederholer ein gelbes Mastschild. Ein Sk-Signal als Mehrabschnittsignal wurde durch ein rotes und darunter ein gelbes Mastschild gekennzeichnet.

Die Betriebsversuche wurden ab 1984 nicht ***weiter verfolgt***. Im Gegensatz zu anderen Betriebsversuchen gab es keinen Rückbau, so dass Sk-Signale zwischen Augsburg und Donauwörth auch 2024 noch zu finden sind. Seit 2016 sind sie auch Bestandteil des Signalbuches. [24]

Abweichend von den sonst üblichen rechteckigen Lichtsignalschirmen erhielten die Sk-Vorsignale und Vorsignalwiederholer am Regelgleis Donauwörth—Augsburg und am Gegengleis Augsburg—Donauwörth runde Signalschirme.

Sk 1

Ein grünes Licht.

Fahrt (Sk-Hauptsignal),
Fahrt erwarten (Sk-Vorsignal),
Fahrt, Fahrt erwarten (Sk-Haupt-/Vorsignal).

Es erlaubt die Fahrt mit der im Fahrplan zugelassenen Geschwindigkeit.

Ks 2

Ein gelbes Licht.

Halt erwarten (Sk-Vorsignal),
Fahrt, Halt erwarten (Sk-Haupt-/Vorsignal).
Es erlaubt die Vorbeifahrt am Sk-Signal und kündigt Halt an.

Alleinstehendes Sk-Vorsignal V202 für kombiniertes Blocksignal 202 zwischen Gablingen und Gersthofen. Das Vorsignal zeigt das Signalbild Sk 1, besitzt einen runden Signalschirm und ein gelbes Mastschild.

Foto Harald Müller, Lizenz CC BY-SA 4.0

Modul 301.0103, Abschnitte 1 - 17
Bedeutung:
Die Hl-Signale können ein Haupt- oder ein Vorsignal oder beides vereint sein. Sie signalisieren Halt, die erlaubte Geschwindigkeit im nächsten und ggf. übernächsten Abschnitt.
Signalbild:
Ein Licht oder zwei Lichter. Bei zwei Lichtern gilt das ***untere*** Licht für die Geschwindigkeit ***vom Signal an*** und das ***obere*** für die Geschwindigkeit ***vom nächsten Signal an.***

Diese Signale sind nur auf Strecken in den neuen Bundesländern anzutreffen. Es handelt sich in der Regel um Mehrabschnittsignale, die ab 1962 (im Signalbuch Ausgabe 1959 bereits enthalten) bei der Deutschen Reichsbahn und bei den Mitgliedsbahnen eingeführt wurden, die zur Organisation für die Zusammenarbeit der Eisenbahnen (OSShD) gehörten. Das neue Signalsystem verfolgt konsequent das Prinzip der Geschwindigkeitssignalisierung und verminderte die Zahl der zu beachtenden Lichter an einem Signalmast. Ihr Mangel war die ungenügende Differenzierung der angezeigten Geschwindigkeiten, was sich insbesondere bei Geschwindigkeiten von mehr als 120 km/h auf die Fahrdynamik der Züge auswirkte. Die Hl-Signale sterben aus, wenn im Zusammenhang mit den elektronischen Stellwerken die Kombinationssignale eingeführt werden. Das Signal Hl 13 (Halt!) war bereits mit der Änderung der Eisenbahn-Signalordnung 1995 und der damit verbundenen bundesweiten Einführung des »Absoluthaltes« (Signal Hp 0) entfallen. Es wurde durch das signalbildgleiche einheitliche Hp 0 ersetzt.

Die Formulierung im Abschnitt 1, Absätze 2 und 3 der Richtlinie 301 (Modul 301.0103) ist mit der Formulierung des Signalbuchs der DR von 1971 (DV 301) inhaltlich identisch.

Die im Bereich der sowjetischen EZMG-Stellwerke gestellten Signale unterschieden sich vielfach nur durch die Signalschirme und die Schuten zum Schutz vor der Sonneneinstrahlung. Die Signalbilder entsprachen den Hl-Signalen.

Hl 12 b: Geschwindigkeit [auf] 60 km/h ermäßigen, »Halt« erwarten. Würde das obere Licht grün zeigen, hätte der Triebfahrzeugführer sich trotzdem nicht auf Höchstgeschwindigkeit, sondern nach dem Lf 6 neben dem Gleis – Geschwindigkeits-Ankündesignal – auf höchstens 100 km/h einzustellen. *Foto: Emersleben*

Signal Hl 12 a, oben gelb und unten gelb: Höchstens 40 km/h von diesem Signal an, am nächsten Signal Halt erwarten.

Hl 2: Fahrt mit 100 km/h, dann mit Höchstgeschwindigkeit. Foto: Emersleben

»Ein Hl-Signal mit einem Licht zeigt an, dass die im Fahrplan zugelassene Geschwindigkeit beibehalten werden darf (ein grünes Standlicht) oder so vermindert werden muss, dass die vorangezeigte Geschwindigkeit am nächsten Signal nicht überschritten wird (ein grünes oder gelbes Blinklicht oder ein gelbes Standlicht).

Bei einem Hl-Signal, das aus **zwei** Lichtern besteht, zeigt das **untere** Licht die Geschwindigkeit an, die am Signal nicht überschritten werden darf.

Ist anschließend ein Weichenbereich vorhanden, dann gilt die Geschwindigkeitsanzeige vom Hauptsignal ab im anschließenden Weichenbereich.

Dem unteren Licht kann ein gelb- oder grünleuchtender Lichtstreifen zugeordnet sein.

Das **obere** Licht gibt die Geschwindigkeit an, die am **nächsten** Signal nicht überschritten werden darf.« [1]

Lichtvorsignale unterscheiden sich von Lichthauptsignalen durch die Vorsignaltafel (Signal Ne 2). Auf Wunsch der Lokomotivführer wurden bei der Deutschen Bahn auch jene Hl-Signale durch ein zusätzliches Mastschild (gelbes Dreieck) gekennzeichnet, die neben einer Hauptsignalfunktion gleichzeitig eine Vorsignalfunktion besitzen. Hier sind Parallelen zu den Ks-Signalen zu finden.

Hl 1

Ein grünes Licht oben

Fahrt mit Höchstgeschwindigkeit

Hl 2

Ein gelbes Licht mit einem grünen Lichtstreifen unten, ein grünes Licht oben

Fahrt mit 100 km/h, dann mit Höchstgeschwindigkeit

Hl 3 a

Ein gelbes Licht unten, ein grünes Licht oben

Fahrt mit 40 km/h, dann mit Höchstgeschwindigkeit

Hl 3 b

Ein gelbes Licht mit einem gelben Lichtstreifen unten, ein grünes Licht oben

Fahrt mit 60 km/h, dann mit Höchstgeschwindigkeit

Hl 4
Ein grünes Blinklicht oben
Höchstgeschwindigkeit auf 100 km/h ermäßigen

Hl 5
Ein gelbes Licht mit einem grünen Lichtstreifen unten, ein grünes Blinklicht oben
Fahrt mit 100 km/h

Hl 6 a
Ein gelbes Licht unten, darüber ein grünes Blinklicht
Fahrt mit 40 km/h, dann mit 100 km/h

Hl 6 b
Ein gelbes Licht mit einem gelben Lichtstreifen unten, ein grünes Blinklicht oben
Fahrt mit 60 km/h, dann mit 100 km/h

Hl 7
Ein gelbes Blinklicht oben
Höchstgeschwindigkeit auf 40 km/h oder 60 km/h ermäßigen

Hl 8
Ein gelbes Licht mit einem grünen Lichtstreifen unten, ein gelbes Blinklicht oben
Geschwindigkeit 100 km/h auf 40 km/h oder 60 km/h ermäßigen

Hl 9 a
Ein gelbes Licht unten, ein gelbes Blinklicht oben
Fahrt mit 40 km/h, dann mit 40 km/h oder 60 km/h

Hl 9 b
Ein gelbes Licht mit einem gelben Lichtstreifen unten, ein gelbes Blinklicht oben
Fahrt mit 60 km/h, dann mit 40 km/h oder 60 km/h

Hl 10
Ein gelbes Licht oben
Halt erwarten

Fahrt mit 40 km/h, dann mit Höchstgeschwindigkeit – Signal Hl 3 a.

Der gelbe Lichtstreifen lässt am Signal eine Geschwindigkeit von 60 km/h zu, am folgenden Signal bzw. nach dem Ende des anschließenden Weichenbereichs ist die Höchstgeschwindigkeit erlaubt – Signal Hl 3 b.

Hl 11

Ein gelbes Licht mit einem grünen Lichtstreifen unten, ein gelbes Licht oben

Geschwindigkeit 100 km/h ermäßigen, Halt erwarten

Hl 12 a

Zwei gelbe Lichter übereinander

Geschwindigkeit 40 km/h ermäßigen, Halt erwarten

Hl 12 b

Ein gelbes Licht mit einem gelben Lichtstreifen unten, ein gelbes Licht oben

Geschwindigkeit 60 km/h ermäßigen, Halt erwarten

Die Richtlinie 301 veröffentlicht zur besseren Anschauung eine grafische Übersicht der Signale Hl 1 bis Hl 12 mit Geschwindigkeitsänderungen als Modul 301.0103A01. Sie war bereits seit der Ausgabe 1959 in den Signalbüchern enthalten.

Die Fahrt mit höchstens 60 km/h ist erlaubt, am nächsten Signal ist Halt zu erwarten – Signal Hl 12 b.

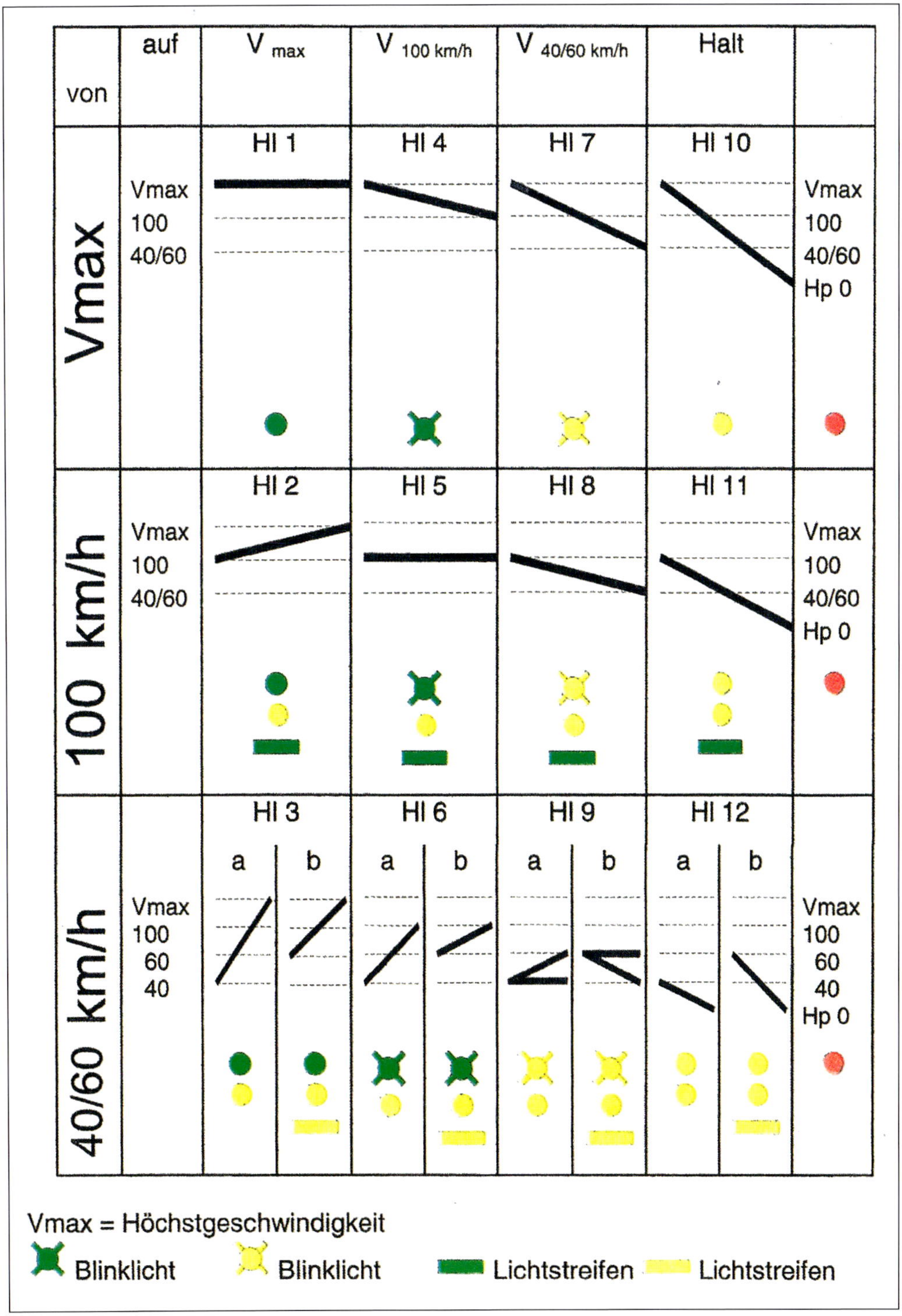

War in allen Signalbüchern zu finden: das Schema der Hl-Signalbilder und grafisch die zulässigen Geschwindigkeiten.

Entnommen: DV 301

Die Bahnsteigenden - wie hier in Bitterfeld - eignen sich oft zum Studium der vielfältigen Signale. Am Gleis rechts im Bild: Mastschilder für Haupt- und Vorsignalfunktion, Ks 1, Zs 2v (H = Halle), Lf 7, Wn 2, Hp 0 im Nachbargleis und Zg 1 an der Lokomotive.

Foto: Emersleben

Das Werk für Signal- und Sicherungstechnik Berlin (WSSB) baute, wenn der Platz für Signalstandorte beschränkt war, Zwergsignale. Während am linken Wartezeichen 11I des Bahnhofs Spreewitz neben dem Ra 11a auch Ra 12 gezeigt werden kann, ist das rechte Hauptsignal P9 mit Hp 0, Kennlicht und Ra 12 ausgestattet. Sie werden neu nicht mehr eingebaut.

Modul 301.0104, Abschnitte 1 - 10
Bedeutung:
Die Lichtsignale der Stadtschnellbahnen auf eigenem Bahnkörper stellen als Kombination von Haupt- und Vorsignal auf einem Signalschirm vereint ***links*** das ***Hauptsignal*** und ***rechts*** das ***Vorsignal*** dar.
Signalbild:
Gelbe und grüne Signallichter für Fahrt, Langsamfahrt oder Zughalt, Weiterfahrt auf Sicht!

Obwohl die Richtlinie 301 der Deutschen Bahn schreibt, diese Signale seien »nur bei Stadtschnellbahnen auf eigenem Bahnkörper (S-Bahnen) vorhanden« [1], gibt es sie heute nur noch bei der S-Bahn in Hamburg.

Die Reichsbahndirektion Berlin führte die Signale zwischen 1928 und 1943 auf der Stadtbahn ein, die Lichter paarweise nebeneinander und in drei, manchmal vier Reihen untereinander angeordnet. Von 1935 an wurden nur noch Signalschirme mit zwei, drei oder vier Signallampen gebaut. Zwischen 1984 und 1991 sind sämtliche Sv-Signale auf den Strecken in Ost-Berlin durch Hl-Signale ersetzt worden. Bei der Modernisierung der West-Berliner S-Bahn-Strecken von 1984 an kam es zur Übernahme von Signalbildern nach der (westdeutschen) Eisenbahn-Signalordnung. Die letzten Sv-Signale blieben im Nord-Süd-Bahn-Tunnel bis 2006.

Damit beschränken sich die Sv-Signale auf die S-Bahn in Hamburg. Dort können sie sich rechts oder links oder über dem Gleis befinden.

Die linken Lichter haben das gleiche Aussehen wie die Lichtsignale Hp 0, Hp 1 oder Hp 2. Die rechten Lichter entsprechen den Vorsignalen Vr 0, Vr 1 bzw. Vr 2.

Es bedeuten:

Sv 0
Zwei gelbe Lichter nebeneinander
Zughalt! Weiterfahrt auf Sicht.

Sv 1
Zwei grüne Lichter waagerecht nebeneinander
Fahrt! Fahrt erwarten.

Sie gehörten mit zu den letzten Sv-Signalen der Berliner S-Bahn, ehe sie durch die Ks-Signale ersetzt wurden: Sv 1 und Sv 2 am Bahnsteig von Bornholmer Straße.

Das Signal Sv 4 mit dem roten Mastschild trägt die M-Tafel, das Zs 12 und kann dank der drei Lampen unten das alte Ersatzsignal Zs 1 in Form eines A zeigen.
Foto: Reiner Preuß

Sv 2
Ein grünes, rechts daneben ein gelbes Licht
Fahrt! Halt erwarten.

Sv 3
Links ein grünes Licht, rechts in gleicher Höhe ein grünes und senkrecht darunter ein gelbes Licht
Fahrt! Langsamfahrt erwarten.

Sv 4
Links und rechts ein grünes Licht, unter dem linken ein gelbes Licht
Langsamfahrt! Fahrt erwarten.

Sv 5
Links und rechts ein grünes Licht, darunter links und rechts ein gelbes Licht
Langsamfahrt! Langsamfahrt erwarten

Sv 6
Links ein grünes, rechts ein gelbes Licht, links unten ein gelbes Licht
Langsamfahrt! Halt erwarten.

Fahrt bedeutet die im Fahrplan angegebene Geschwindigkeit, Langsamfahrt in der Regel 40 km/h, es sei denn, das Signal Zs 3zeigt eine andere Geschwindigkeit an.

Stehen Signale, ausgenommen das Signal Sv 0, in einem um mehr als 5 Prozent kürzeren Abstand des erforderlichen Bremswegs vor dem folgenden Signal, zeigt das ein weißleuchtender Pfeil über den Signalbildern (Bremspfeil) an.

Abgesehen von den Zusatzsignalen zeigt der Signalschirm des Signals 110[8] / V8 in Berlin-Charlottenburg das Signal Sv 4: Langsamfahrt! Fahrt erwarten.
Die dargestellten Zusatzsignale sind ein Zs 2v (W = Westkreuz), ein Zs 12 - M-Tafel und die seit dem 10.12.2006 nicht mehr verwendete Kreisscheibe.
Das unmittelar dahinter befindliche, teilweise verdeckte neue Ks-Signal war im zeitigen Frühjahr 1993 noch ungültig.

Modul 301.0201, Abschnitte 1 - 5

Bedeutung:

Die Vr-Signale zeigen an, welches Signalbild am zugehörigen Hauptsignal zu erwarten ist, kündigen aber auch das Schutzsignal Sh 0 und Sh 2 und das Signal Hp 0 am Sperrsignal (Lichtsignal) an. Damit gehören sie zu den Vorsignalen.

Historisch bilden die Vr-Signale die älteste Form der Vorsignale. Die Entwicklungen der heutigen Vr-Signale als Formvorsignale gehen bis 1875 und als Lichtvorsignale bis 1927 zurück.

Signalbild:

Senkrechte oder umgeklappte Scheibe, gelbe bzw. grüne Lichter als Nachtzeichen oder als Lichtsignal.

Vr 0

Die runde Scheibe und ggf. der Flügel stehen senkrecht; nachts und als Lichtsignal: zwei gelbe Lichter nach rechts steigend.

Halt erwarten

Vr 1

Die runde Scheibe ist in die Waagerechte umgeklappt und ggf. der Flügel zeigt nach unten; nachts und als Lichtsignal: zwei grüne Lichter nach rechts steigend.

Fahrt erwarten

Vr 2

Die runde Scheibe steht senkrecht, der Flügel zeigt schräg nach rechts unten; nachts und als Lichtsignal ein gelbes und nach rechts steigend ein grünes Licht.

Langsamfahrt erwarten

Folgende weitere Ausnahmen sind in den Neuen Bundesländern (»Geltungsbereich der DV 301«) möglich:

- Die zweibegriffigen Vorsignale können bis auf weiteres nur ein Licht zeigen, wenn sie nicht an einem Hauptsignal stehen.

Ein Vorsignalwiederholer, daher keine Vorsignaltafel, aber die Tafel mit dem schwarzen Ring. Diese Tafel gibt es nur im »Geltungsbereich der DV 301«. Er zeigt in diesem Fall „Halt erwarten" in Form des Hl 10.

Im »Geltungsbereich der DV 301« blieb es bei der Sparmaßnahme des Zweiten Weltkriegs, als das allein stehende Signal nur mit einer Signallampe bestückt wurde. Foto: Graßmann

Am Hauptsignal stehend, sind für die Nachtzeichen des Vorsignals zwei Lampen vorgeschrieben.

Das Lichtsignal des Haupt-Vorsignal-Systems entspricht den Nachtzeichen der Formsignale. Foto: Emersleben

- Das Signal Vr 2 kann auch ein grünes Licht und nach rechts steigend ein gelbes Licht zeigen (die Lichter sind demnach vertauscht). So sind Verwechselungen mit dem Signal Hl 3a ausgeschlossen.

Vr 1/2 – (DV 301)

Die runde Scheibe ist in die Waagerechte umgeklappt. Als Nachtzeichen werden zwei grüne Lichter nach rechts steigend bzw ein grünes Licht an Vorsignalen, die nicht an Hauptsignalen stehen.

Fahrt oder Langsamfahrt erwarten

Dieses Signalbild wird nur an zweibegriffigen Formvorsignalen gezeigt.

Der Zusatzflügel in alter weiß-roter Reichsbahn-Lackierung gilt »bis auf weiteres«.

Vr 1 als Lichtsignal mit dem Zusatzlicht wegen des verkürzten Bremswegabstands. *Foto: Emersleben*

Die Fahrstraße führt in die angezeigte Richtung.

Das Signal zeigt an, für welche Fahrtrichtung, für welches Streckengleis oder für welchen Bahnhofsteil das Hauptsignal auf Fahrt steht. Und zwar dann, wenn ein Signalbild mehrere dieser Fahrtmöglichkeiten zulässt.
Meist wird als Buchstabe der Anfang eines Bahnhofsnamens in der entsprechenden Richtung verwendet, zum Beispiel am Blocksignal 558 der Abzweigstelle Erftkanal K für Köln und M für Mönchengladbach. Bei mehreren nebeneinander verlaufenden eingleisigen Strecken werden Buchstaben ohne Bahnhofsbezug verwendet, wie R, S, T, U.
Das Infrastrukturunternehmen gibt dem Personal die verwendeten Kennbuchstaben bekannt; sie gehören zur Streckenkenntnis des Triebfahrzeugführers.

Zs 2v – Richtungsvoranzeiger

Ein gelb leuchtender Buchstabe

Der Richtungsanzeiger Zs 2 ist zu erwarten.

Zs 3 – Geschwindigkeitsanzeiger

Als Formsignal eine weiße Kennziffer auf dreieckigem schwarzem Grund mit weißem Rand; als Lichtsignal eine weiß leuchtende Kennziffer

Die durch die Kennziffer angezeigte Geschwindigkeit darf vom Signal an im anschließenden Weichenbereich nicht überschritten werden.

Dabei ist für die Fahrgeschwindigkeit der zehnfach Wert der Kennziffer anzunehmen, zum Beispiel 6 = 60 km/h.
Folgt auf Blocksignalen selbsttätiger Blockstellen das nächste Signal im verkürzten Bremswegabstand, kann dieses Signal ebenfalls angewendet werden.

Da bei allen Fahrten hinter diesen Signalen nur Geschwindigkeiten bis zu 60 km/h erlaubt sind, ist das Zusatzsignal als Formsignal möglich. Das spart die Schaltung und Energie.

Zs 3v – Geschwindigkeitsvoranzeiger

Wie Signal Zs 3, aber als Formsignal auf dreieckigem schwarzem Grund mit gelbem Rand, als Lichtsignal gelbleuchtend.

Der Geschwindigkeitsanzeiger (Zs 3) ist zu erwarten.

Zs 4

Das Signal an Strecken der Neuen Bundesländer (»Geltungsbereich der DV 301«) war identisch mit dem Signal Zs 3 an Strecken der Alten Bundesländer (»Geltungsbereich der DS 301«) und wird seit 14. Dezember 2008 auch als Zs 3 bezeichnet. Das Signal Zs 4 wird nicht mehr aufgeführt.

Im »Geltungsbereich der DS 301« war Signal Zs 4 – der Beschleunigungsanzeiger. Er wurde abgeschafft.

Zs 5

Das Signal im »Geltungsbereich der DS 301« - Verzögerungsanzeiger – wurde abgeschafft, das Signal gibt es seit dem 10. Dezember 2006 nicht mehr.

Zs 6 – Gegengleisanzeiger

Als Lichtsignal ein weiß leuchtender Streifen, dessen Enden senkrecht nach oben und unten abgebogen sind; als Formsignal eine rechteckige schwarze Scheibe mit weißem Rand und einem weißen von rechts nach links aufsteigenden Streifen, dessen Enden abgewinkelt sind.

Der Fahrweg führt in das Streckengleis entgegen der gewöhnlichen Fahrtrichtung.

Der signalisierte Auftrag gilt bis zum nächsten Bahnhof bzw. zur nächsten Abzweig- oder Überleitstelle.

Zs 7 – Vorsichtsignal

Drei gelbe Lichter in Form eines V

Am Signal Hp 0 oder am gestörten Lichthauptsignal ohne schriftlichen Befehl vorbeifahren! Weiterfahrt auf Sicht.

Der Auftrag gilt bis zum nächsten Hauptsignal.

Gegengleisanzeiger Zs 6 als Formsignal am Ausfahrsignal 42N4 im Bahnhof Donnersbergerbrücke in München *Foto: Krebs*

Zs 8 – Gegengleisfahrt-Ersatzsignal

Drei blinkende weiße Lichter in Form eines A oder ein weißblinkender Lichtstreifen von rechts unten nach links oben, dessen Enden nach oben und unten senkrecht abgebogen sein können.

Am Halt zeigenden oder gestörten Hauptsignal vorbeifahren, der Fahrweg führt in das Streckengleis entgegen der gewöhnlichen Fahrtrichtung.

Der Auftrag gilt bis zum nächsten Bahnhof bzw. einer Abzweig- oder Überleitstelle.

Zs 9 – Bahnübergangstafel

Eine dreieckige, weiße Tafel mit rotem Rand und schwarzem Gatter

Nach dem zulässigen Vorbeifahren an dem Halt zeigenden oder gestörten Lichthauptsignal Halt vor dem Bahnübergang! Weiterfahrt nach Sicherung.

Das Ks-Signal mit der Signal Zs 6 (weißer Lichtstreifen) in der unabgewinkelten Variante, die im »Geltungsbereich der DV 301« bis auf weiteres zugelassen ist.

Drei gelbe Lichter symbolisieren das V des Vorsichtsignals, das die Weiterfahrt auf Sicht erlaubt.

Foto: Emersleben

Das Signal steht vor einem Lichtsignal mit weiß-gelb-weiß-gelb-weißem, rotem oder weiß-schwarz-weiß-schwarz-weißem Mastschild. Die Schranken sind signalabhängig, so dass das Signal nur »Fahrt« zeigen kann, wenn der Bahnübergang technisch gesichert ist.
Gilt das Signal für mehrere Bahnübergänge, wird in ihm die entsprechende Anzahl dargestellt.

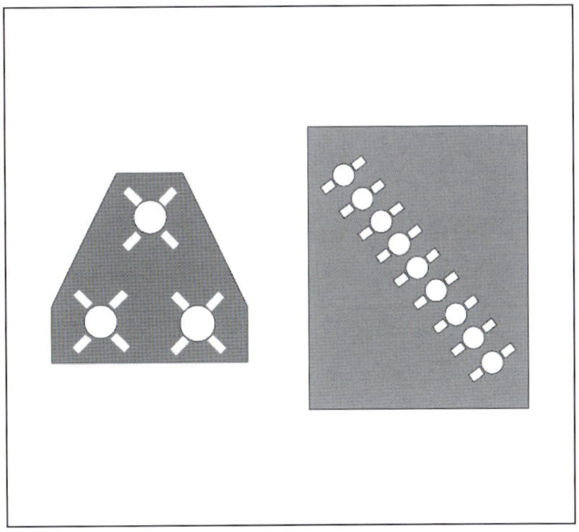

Im Geltungsbereich der DS 301 wird vielfach das alte Ersatzsignal blinkend als Zs 8 - Gegengleisfahrt-Ersatzsignal benutzt. Aus dem Geltungsbereich der DV 301 kommt das heute netzweit anwendbare Zs 8 in Form eines weißblinkenden Lichtstreifens von rechts nach links steigend.

Entnommen: DS/DV 301

Zs 10 – Endesignal

Ein weißer Pfeil mit der Spitze nach oben auf pfeilförmiger, schwarzer Tafel als Formsignal oder ein weißleuchtender Pfeil mit der Spitze nach oben
Ende der Geschwindigkeitsbeschränkung

Das Signal gilt nur für Zugfahrt auf Hauptsignal in Fahrtstellung. Es zeigt an, dass die mit Signal Hp 2 oder Zs 3 vorgeschriebene Geschwindigkeitsbeschränkung bereits vor dem anschließenden Weichenbereich beendet werden kann. Es trägt zur höheren Durchlassfähigkeit der Strecke bei. Das Signal wird neu nicht mehr aufgestellt und durch alleinstehende Zs 3 ersetzt.

Die Bahnübergangstafel Zs 9 ist nahe dem Fuß des Signalmastes angebracht.

Zs 11

Das Signal war im »Geltungsbereich der DV 301« das Vorsichtsignal, das seit dem 14.12.2008 bundesweit als Signal Zs 7 gilt, so dass die Textstelle Zs 11 offen bleibt.

Das Endesignal Zs 10, der weiße Pfeil auf einer schwarzen, pfeilförmigen Tafel neben dem Gleis, zeigt dem Triebfahrzeugführer an, dass er nun seine Fahrt, auch vor dem Ende des anschließenden Weichenbereichs, beschleunigen kann.

Das Signal am Bahnsteig für das linke Gleis trägt nicht nur das rote Mastschild als Hinweis auf anschließendes Fahren auf Sicht. Die Vorbeifahrt am Halt zeigenden Signal kann wegen des Signals Zs 12 – M-Tafel - auch mündlich zugelassen werden. Überleitstelle Nikolassee (Stadtb) in Berlin.

Zs 12 – M-Tafel

Eine weiße Tafel mit rotem Rand und rotem M in Schreibschrift

Am Halt zeigenden oder gestörten Hauptsignal auf mündlichen oder fernmündlichen Auftrag vorbeifahren

Den Auftrag erteilt der Fahrdienstleiter oder die örtliche Aufsicht. Der Zug muss vorher gehalten haben.

Für Regelzüge der Gleichstrom-S-Bahn Hamburg gilt es auch für ein unmittelbar am Hauptsignal stehenden Sperrsignal.

Zs 13 – Stumpfgleis- und Frühhaltanzeiger

Ein um 90° nach links umgelegtes gelbes T auf einer rechteckigen schwarzen Tafel als Formsignal, ein um 90° nach links umgelegtes gelbleuchtendes T als Lichtsignal.

Fahrt in ein Stumpfgleis oder in ein Gleis mit verkürztem Einfahrweg

Das Signal erscheint am Hauptsignal, wird aber nicht angewendet, wenn das Signal Zs 3 eine entsprechende Geschwindigkeit vorschreibt.

Zs 103

Eine rechteckige schwarze Tafel mit weißen Rauten am Hauptsignal.

Das Halt zeigende Hauptsignal gilt nicht für Rangierfahrten

Das Einfahrsignal zeigt am Mast mit dem Zusatzsignal Zs 13 an, dass ein Stumpfgleis oder Frühhalt zu erwarten ist.

Foto: Emersleben

Das Signal kommt nur im »Geltungsbereich der DV 301« vor. Zudem zeigt die Hunderternummer, dass es sich um ein aussterbendes Signal handelt, das nur noch an solchen Signalmasten angebracht ist, die kein Signal Ra 12 (DV 301) anzeigen können. Allerdings wird eine ähnliche größere Rautentafel auch im »Geltungsbereich der DS 301« vor Bahnübergängen als Signal Bü 2 mit ganz anderer Bedeutung verwendet.

Die kurze Tafel mit den breiten Rauten ist aus der Produktion von nach 1990.

Die Rautentafel Zs 103 am Ausfahrsignal ist aus der DDR-Produktion und gilt nur im Bereich der DV 301.

Modul 301.0401, Abschnitte 1 - 5

Bedeutung:

Ts war ursprünglich die Abkürzung für »Teilfahrten und Schiebelokomotiven«. Aus Teilfahrten (die nicht bis zur vorgelegenen Zugmeldestelle führten) wurde bei der Deutschen Reichsbahn 1940 der Begriff Sperrfahrten.

Die Ts-Signale gelten für Schiebelokomotiven, die von der freien Strecke, und für Sperrfahrten, die zum Ausgangsbahnhof zurückkehren. Da es immer weniger Züge gibt, die nachgeschoben und obendrein nur bis zu einem Punkt der freien Strecke nachgeschoben werden, sind insbesondere die Signale Ts 2 / Ts 3 in der Praxis ausgestorben. Das letzte Signal Ts 2 / Ts 3 wurde im Juni 2009 in Brügge (Westf) außer Betrieb genommen. Trotzdem ist es im aktuellen Signalbuch noch enthalten.

Signalbild:

Es sind nach dem Signalbuch Formsignale, die beleuchtet sein können.

Das Signal gab es auch in der niedrigen Ausführung, wenn zwischen den Gleisen wenig Platz zur Verfügung stand.
Foto: Wiesmüller

Notwendig und früher nicht durch Hauptsignale zu ersetzen waren diese Signale, wenn auf zweigleisigen Strecken die Schiebelokomotiven oder Sperrfahrten auf dem Gleis entgegen der gewöhnlichen Fahrtrichtung zurückkehren. Das den Bahnhof schützende Einfahrsignal ist nicht so aufgestellt, dass es für diese Fahrten gelten könnte.

Zudem und das auch bei eingleisigen Strecken ist die Streckenblockeinrichtung nicht für Teil- bzw. Sperrfahrten auf der freien Strecke eingerichtet. Das Einfahrsignal darf, wenn es eine Streckenblockstörung vermieden werden soll, nicht auf Fahrt gestellt werden. Den Schiebelokomotiven oder Sperrfahrten vor der Einfahrt in den Bahnhof Halt zu gebieten oder sie einfahren zu lassen, diese Funktion übernahmen die Signale Ts 2 und Ts 3.

Im Bereich der Deutschen Reichsbahn wurden die – dort als Sp 2 und Sp 3 bezeichneten - Signa-

Halt für zurückkehrende Schiebelokomotiven und Sperrfahrten. *Foto: Wiesmüller*

Die Weiterfahrt ist der zurückkehrenden Schiebelokomotive oder der Sperrfahrt erlaubt. *Foto: Wiesmüller*

le vollständig durch Lichtsignale, die nur Halt zeigen konnten und mit einem Ersatzsignal ausgerüstet waren, ersetzt. Deshalb waren sie ab 1990 im Signalbuch DV 301 auch nicht mehr zu finden. Auch im Bereich der ehemaligen Deutschen Bundesbahn wurden sie schrittweise durch Sperrsignale bzw. moderne Signaltechnik ersetzt.

Das liegende T, Signal Ts 1, weist den Lokomotivführer der mit dem Zug nicht gekuppelten Schiebelokomotive darauf hin, dass er - hier in Blankenheim (Kr Sangerhausen) - das Nachschieben einstellen und zurückbleiben soll. *Foto: Emersleben*

Ts 1

Ein um 90° nach rechts umgelegtes weißes T auf schwarzer Rechteckscheibe.

Nachschieben einstellen

Ts 2

Eine quadratische, auf der Spitze stehende weiße Scheibe mit schwarzem Rand.

Halt für zurückkehrende Schiebelokomotiven und Sperrfahrten.

Dass das Signal links vom Gleis zu stehen hat, ist nicht mehr vorgeschrieben.

Ts 3

Wie das Signal Ts 2, aber in der Mitte mit einem schwarzen nach rechts steigendem Streifen.

Weiterfahrt für zurückkehrende Schiebelokomotiven und Sperrfahrten

Mit der Hebelbewegung im Stellwerk wird der schwarze Streifen vom Rand um 90° zur Mitte gedreht.

Modul 301.0501, Abschnitte 1 - 11

Bedeutung:

Die Lf-Signale kennzeichnen Langsamfahrstellen und den Beginn einer bestimmten zulässigen Geschwindigkeit.

Signalbild:

Formsignal, ortsfest oder mobil, mit dreieckigen oder rechteckigen Tafeln. Lf 1 nachts beleuchtet, auch rückstrahlend, dann aber nicht beleuchtet.

Sie kennzeichnen Langsamfahrstellen, werden aber nicht aufgestellt, wenn die ermäßigte Geschwindigkeit von Triebfahrzeugführern einzelner Zuggattungen, Zügen oder bei aufgehobener Signalabhängigkeit zu beachten ist. Der Triebfahrzeugführer wird dann schriftlich, in der Zusammenstellung der vorübergehenden Langsamfahrstellen und anderen Besonderheiten (»La«) oder durch Befehl verständigt. Auch gelten die Signale Lf 6 und Lf 7 nicht »für Züge mit technischer Überwachung eines bekannt gegebenen besonderen Geschwindigkeitsprofils.« Gemeint sind damit die Züge mit aktiver Neigetechnik.

Die Signale Lf 1, Lf 1/2, Lf 2 und Lf 3 gelten für Züge und Rangierfahrten.

Die Signale Lf 4 werden am Beginn eines Geschwindigkeitswechsels aufgestellt, wenn beispielsweise eine höhere Geschwindigkeit zugelassen ist.

Folgende Abweichungen sind zu beachten:
im Netz der Alten Bundesländer (»Geltungsbereich der DS 301«)

- Das Signal Lf 4 (Geschwindigkeitstafel), eine dreieckige weiße Tafel mit schwarzem Rand und schwarzer Kennziffer, zeigt eine ständige Langsamfahrstelle an, auf der die angezeigte Geschwindigkeit (Kennziffer mal zehn in km/h) nicht überschritten werden darf. Das Signal steht nur auf Nebenbahnen.
- Das Signal Lf 5 (Anfangstafel), eine rechteckige weiße Tafel mit schwarzem A. Es zeigt an, dass die mit Signal Lf 4 angezeigte Geschwin-

	Signalisierung ständiger Geschwindigkeitsbeschränkungen		
	im Geltungsbereich der ehemaligen DB gemäß DS 301		im Geltungsbereich der ehemaligen DR gemäß DV 301
	auf der Nebenbahn	auf der Hauptbahn	
Ankündigung	**Lf 4** 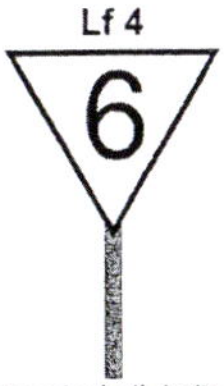 Geschwindigkeits-tafel	**Lf 6**  Geschwindigkeits-Ankündesignal	**Lf 4**  Geschwindigkeitstafel
Anfang	**Lf 5**  Anfangtafel	**Lf 7**  Geschwindigkeits-signal	**Lf 5**  Eckentafel
Ende	-	-	**Lf 4 (wie oben)**

Noch können die ständigen Geschwindigkeitsbeschränkungen in den »Geltungsbereichen der DS und der DV 301« unterschiedlich signalisiert werden. Neu werden in der Regel nur noch die Signale Lf 6 (schwarz- und weißumrandete dreieckige gelbe Tafel) und Lf 7 aufgestellt.

Das Signal Lf 1/2 steht nur an Nebengleisen und nur im »Geltungsbereich der DV 301«.

digkeitsbeschränkung durchgeführt sein muss. Das Signal steht nur auf Nebenbahnen.

- Beide Signale werden neu nicht mehr aufgestellt.

im Netz der Neuen Bundesländern (»Geltungsbereich der DV 301«)

- Signal Lf 1/2 (Langsamfahrbeginnscheibe) mit rechteckiger, gelber Scheibe und weißem Rand sowie der schwarzen Kennziffer. Sie zeigt auf Hauptgleisen der Bahnhöfe, wenn sie keine durchgehenden Hauptgleise sind, die Geschwindigkeitsbeschränkung an, und zwar ohne Ankündigung und nicht im Bremswegabstand wie das Signal Lf 1. Der Triebfahrzeugführer wird über diese aufgestellten Signale in der »La« unterrichtet.
- Signal Lf 4 (Geschwindigkeitstafel) hat das gleiche Aussehen wie das im »Geltungsbereich der DS 301«, aber die Geschwindigkeitszahl entspricht der zugelassenen, und es gibt keine Beschränkung des Standortes nur auf Nebenbahnen. Das Ende der Geschwindigkeitsbeschränkung muss bis auf weiteres nicht durch Signal Lf 5 ange-

Das Signal Lf 4 - Geschwindigkeitstafel (DV 301) wird heute genauso wenig neu aufgestellt wie das darüber befindliche Signal Pf 2 – Pfeiftafel vor Bahnübergängen (DV 301). *Foto Krebs*

Die Eckentafel Lf 5 zeigt im Geltungsbereich der DV 301 den Beginn der Geschwindigkeitsbeschränkung an. Sie wird nicht mehr aufgestellt.

zeigt werden. Auch darf es an einer Stelle des Geschwindigkeitswechsels stehen. Der Geschwindigkeitswechsel an der Abzweigstelle oder bei der Ausfahrt wird hinter der befahrenen Weiche signalisiert. Gilt das Signal für Bahnübergänge, muss die Geschwindigkeitsbeschränkung am Signal Lf 5 oder, wenn dieses fehlt, vor dem BÜ erreicht sein, und sie gilt, bis das erste Fahrzeug den BÜ verlassen hat. Die Geschwindigkeitserhöhung hinter dem Bahnübergang wird nicht durch das Signal Lf 4 angezeigt. Das Signal Lf 4 kann auch eine Geschwindigkeitsbeschränkung vom Hauptsignal an innerhalb des anschließenden Weichenbereichs benutzt werden, steht dann jedoch in Höhe des Vorsignals.

- Lf 5 (Eckentafel) zeigt an, dass die durch das Signal Lf 4 angezeigte Geschwindigkeitsbeschränkung durchgeführt sein muss. Es ist eine rechteckige, weiße Tafel mit schwarzen Ecken. Auf das Signal Lf 5 kann außer vor nicht technisch gesicherten Bahnübergängen auf Nebenbahnen bis auf weiteres verzichtet werden. Es kann auch den Richtungspfeil tragen.
- Die Signale Lf 4 und Lf 5 nach DV 301 werden neu nicht mehr aufgestellt.

Lf 1 – Langsamfahrscheibe

Eine auf der Spitze stehende dreieckige gelbe Scheibe mit weißem Rand und einer schwarzen Kennziffer, die dem zehnfachen Wert in km/h der zugelassenen Fahrgeschwindigkeit entspricht, zum Beispiel 5 für 50 km/h. Nachts: das beleuchtete Tageszeichen und zwei schräg nach links steigende gelbe Lichter. Bei beschränktem Raum dürfen die gelben Lichter bis zu 15 Meter vor dem Signal aufgestellt werden.

Es folgt eine vorübergehende Langsamfahrstelle, auf der die angezeigte Geschwindigkeit nicht überschritten werden darf.

Signal Lf 1: Die 12 entspricht 120 km/h zugelassener Geschwindigkeit. Bei allen solchen Dreieckstafeln darf bei beschränktem Raum die Dreieckspitze nach oben zeigen.

Das Signal Lf 1 steht im Bremswegabstand vor dem Signal Lf 2. Das Signal Lf 1 darf einen gelben Richtungspfeil mit schwarzem Rand tragen, der die Richtung der Geschwindigkeitsbeschränkung anzeigt. Außerdem werden die Triebfahrzeugführer durch Befehl oder die »La« verständigt, für welche Richtung das Signal gilt.

Die angezeigte Geschwindigkeit gilt im von den Signalen Lf 2 und Lf 3 begrenzten Abschnitt und darf nicht überschritten werden, bis das letzte Fahrzeug den Abschnitt verlassen hat.

Schließt sich an die Langsamfahrstelle eine weitere an, die mit niedrigerer Geschwindigkeit zu befahren ist, dann ist das Signal Lf 1 hinter dem Signal Lf 2 der ersten Langsamfahrstelle aufzustellen. Reicht dann der Bremsweg nicht aus, ist die erste Langsamfahrstelle gegen die Fahrtrichtung zu verlängern, beginnt demnach früher als nötig. Darf jedoch die zweite Langsamfahrstelle mit höherer Geschwindigkeit befahren werden, ist das Signal Lf 1 hierfür erst unmittelbar

Signal Lf 2: Beginn einer Langsamfahrstelle. Im Bremswegabstand wird mit Signal Lf 6 eine verminderte Geschwindigkeit von 70 km/h angekündigt.

vor dem zugehörigen Signal Lf 2 aufzustellen. Beginnen Züge ihre Fahrt hinter dem Signal Lf 1 oder setzen hier ihre Fahrt fort, ist ein zweites Signal Lf 1 ohne die gelben Lichter aufzustellen. Diese Wiederholung wird mit Befehl, in der »La« oder in einer betrieblichen Anweisung bekannt gegeben.

Lf 1/2 Langsamfahrbeginnscheibe

Eine rechteckige, gelbe Scheibe mit weißem Rand zeigte eine schwarze Kennziffer.

Auf dem am Signal beginnenden, in der Regel durch eine Endscheibe begrenzten Gleisabschnitt darf die angezeigte Geschwindigkeit nicht überschritten werden.

Das Signal steht nur an Gleisen im »Geltungsbereich der DV 301«.

Lf 2 – Anfangsscheibe

Rechteckige oder quadratische gelbe Scheibe mit weißem Rand und schwarzem A

Anfang der vorübergehenden Langsamfahrstelle

Ein weiteres Signal wird auch innerhalb der Langsamfahrstelle und nach dem Signal Lf 1 aufgestellt am Halteplatz der Züge, wenn sie in der Langsamfahrstelle beginnen oder ihre Fahrt mit Personalwechsel fortsetzen sowie hinter der letzten Weiche im Fahrweg, wenn Züge von einmündenden Hauptgleisen in diese Langsamfahrstelle einfahren und die am Hauptsignal zugelassene Geschwindigkeit geringer ist als die in der Langsamfahrstelle. Der Standort des zweiten Signals wird mit Befehl, in der »La« oder in einer betrieblichen Anweisung bekannt gegeben.

Lf 3 – Endscheibe

Rechteckige oder quadratische weiße Scheibe mit schwarzem E

Ende der vorübergehenden Langsamfahrstelle

Auf eingleisigen Strecken kann das Signal auch links neben dem Gleis stehen. Das Signal wird nicht aufgestellt, wenn sich an die erste Langsamfahrstelle unmittelbar eine zweite anschließt.

Der Zug ist am Ende der Langsamfahrstelle angekommen und hat sie verlassen..

Von dieser Stelle an darf der Zug höchstens mit 130 km/h fahren (Signal Lf 7).

Lf 4 – Geschwindigkeitstafel

Lf 5 - Anfangstafel

siehe Bemerkungen zu den Abweichungen in den Bundesländern auf Seite 51!

Lf 6 – Geschwindigkeits-Ankündesignal

Eine schwarz- und weißumrandete dreieckige gelbe Zafel mit schwarzer Kennziffer

Ein Geschwindigkeitssignal (Lf 7) ist zu erwarten.

Der zehnfache Wert der angezeigten Kennziffer in km/h ist vom Signal Lf 7 an als Fahrgeschwindigkeit zugelassen.

Das Signal wird aufgestellt, wenn vom Signal Lf 7 an eine verminderte Geschwindigkeit zugelassen ist. Es steht im Bremswegabstand vor dem Signal Lf 7, auf Nebenbahnen vor Bahnübergängen im für das Abbremsen ausreichenden Abstand und darf auch einen Richtungspfeil tragen.

Lf 7 – Geschwindigkeitssignal

Eine rechteckige weiße Tafel mit schwarzem Rand und einer schwarzen Kennziffer.

Die angezeigte Geschwindigkeit darf vom Signal an nicht überschritten werden.

Deren Zehnfaches in km/h ist als Fahrgeschwindigkeit zugelassen.

Steht das Signal an einem Hauptsignal, gilt es nur bei der Stellung Hp 1, Ks 1 ohne Zs 3 oder Ks 2 ohne Zs 3. Das Signal Lf 7 wird an Hauptsignalen verwendet, wenn eine ständige Geschwindigkeitbeschränkung besteht, beispielsweise bei Fahrt über den gekrümmten Strang einer Weiche und die Schaltung für das Signal Zs 3 entfallen oder vereinfacht werden kann. Liegt das Ende der Geschwindigkeitsbeschränkung auf einem Bahnübergang, darf die Geschwindigkeit erhöht werden, wenn das führende Fahrzeug den Bahnübergang verlassen hat. In diesen Fällen wird das Signal um die Tafel mit der Aufschrift BÜ ergänzt.

Modul 301.0601, Abschnitte 1 - 6

Bedeutung:

Die Sh-Signale werden verwendet, wenn ein Gleis abgeriegelt, ein Haltauftrag erteilt werden soll oder ein Fahrverbot aufgehoben wurde. Sie gelten für Zug- und Rangierfahrten.

Signalbild:

Mannigfache, die sichtbar und/oder auch nur hörbar gegeben werden.

Bei diesen Signalen bestehen im Netz der Alten und der Neuen Bundesländer (»Geltungsbereich der DS bzw. DV 301«) folgende Unterschiede eines Signalbildes:
DS 301: als Sh 1 bezeichnet = Fahrverbot aufgehoben,
DV 301: als Ra 12 bezeichnet = Rangierfahrt erlaubt.

Sh 0

Ein waagerechter schwarzer Streifen in runder weißer Scheibe auf schwarzem Grund

Halt! Fahrverbot

Sh 1 / Ra 12 – Rangierfahrtsignal (DV 301)

Ein nach rechts steigender schwarzer Streifen auf runder weißer Scheibe oder als Lichtsignal zwei weiße nach rechts steigende Lichter

Fahrverbot aufgehoben / Rangierfahrt erlaubt (Lichtsignal DV 301)

Am Signal Hp 0 zeigt das Signal, dass das Haltegebot für Rangierfahrten aufgehoben wurde.
Am Gleissperrensignal wird keine Zustimmung des Weichenwärters erteilt, lediglich angezeigt, dass die Gleissperre abgelegt ist.
Ist das Formsignal mit einem Wartezeichen (Ra 11) verbunden, ist die Zustimmung des Weichenwärters zur Vorbeifahrt abzuwarten.

Altertümlicher Gleisabschluss auf dem Bahnhof Brake mit dem Signal Sh 0. Da es sich nicht beleuchten lässt, ist die weiße Scheibe rückstrahlend.. Foto: Emersleben

Die Wärterhaltscheibe, Signal Sh 2, sperrt das Gleis für Fahrten entgegen der gewöhnlichen Fahrtrichtung ab. ZAT ist kein Signal, sondern der Hinweis auf »Zugabfertigung durch Triebfahrzeugführer« bei der S-Bahn Berlin.

Kurz vor dem Gleisabschluss aufgestellt und auch zu beleuchten ist dieses Signal Sh 0.

»Der Eisenbahninfrastrukturunternehmer bestimmt, wo die Stellung des Signals auch von hinten erkennbar sein soll«, steht zum Gleissperrensignal in der Richtlinie 301. Dann zeigt das Signal bei Tage zwei weiße runde Scheiben auf schwarzem Grund waagerecht nebeneinander.

Gehört zur Signalabhängigkeit, dass bei der Ausfahrt das Gleissperrsignal von Sh 0 in Sh 1 umgestellt wird. Eine solche Signalkonstellation mit Formhauptsiganal, Wartezeichen und Gleisperrsignal ist auf Signalbedeutungen von vor 1995 im Bereich der DS 301 zurückzuführen und heute fast ausgestorben. Foto: Richard Schulz

Durch das Sh 1 ist für die Lokomotive als Rangierfahrt das Fahrverbot aufgehoben.

Im DR-Signalbuch von 1971 war das Kreissignal nicht abstrakt, sondern mit Hilfe einer Wärterin abgebildet.

Die vielen Wärterhaltscheiben schützen den Beginn / das Ende von Baugleisen gegen unberechtigtes Ein- und Ausfahren. *Foto: Emersleben*

Sh 2

Eine rechteckige rote Scheibe mit weißem Rand, nachts ein rotes Licht an der Scheibe oder am Ausleger des Wasserkrans

Schutzhalt

Der Haltauftrag gilt nicht mehr, wenn die Scheibe entfernt oder weggedreht wird. Auch kann ein Befehl den Auftrag zur Vorbeifahrt an der Wärterhaltscheibe erteilen.

Verwendung als Wärterhaltscheibe zur Kennzeichnung einer Gleisstelle, die vorübergehend nicht befahren werden darf bzw. zur Kennzeichnung einer Stelle, an der Züge ausnahmsweise anhalten sollen.

Eine weitere Verwendungsmöglichkeit ist das Abschlusssignal eines Stumpfgleises.

Eine Aufstellung im Gleis erfolgt nur, wenn die Regelaufstellung (rechts vom Gleis bzw. links vom Gegengleis) nicht möglich ist.

Sh 3 – Kreissignal

Eine rot-weiße Signalfahne, ein Gegenstand oder der Arm wird im Kreis geschwungen; nachts eine möglichst rot abgeblendete Laterne oder ein leuchtender Gegenstand.

Sofort halten

Das Kreissignal kann auch mit dem Signal Sh 5 (Horn- und Pfeifsignal) verbunden werden.

Sh 5 – Horn- und Pfeifsignal

Mehrmals nacheinander drei kurze Töne

Sofort halten

Das Signal wird gegeben, wenn das Signal Sh 3 (Kreissignal) nicht gegeben werden kann oder nicht ausreichend erscheint, auch um andere Eisenbahner zum Anhalten einer Zug- oder Rangierfahrt zu veranlassen.

Gleich zweimal ist das Signal Sh 2 als Wasserkransignal an diesem Wasserkran angebracht. Im Signalbuch ist es nur als Nachtzeichen enthalten.

Module 301.0700 bis 301.0703
Bedeutung:
Aufträge an Rangierfahrten sowie für Hinweise an Züge und Rangierfahrten
Signalbild:
Eingeteilt in drei Modulen: die Rangier-, Abdrück- und sonstigen Signale für den Rangierdienst.
Rangiersignale:
Gleichzeitig hör- und sichtbar zu geben, aber auszuführen, wenn sie nur sichtbar aufgenommen werden; Abdrücksignale: Form- oder Lichtsignal am Ablaufberg, auch wiederholt neben den Berggleisen.

Folgende Unterschiede in den Alten und in den Neuen Bundesländern (im »Geltungsbereich der DS bzw. DV 301«) bestehen:
Die Signale Ra 11 a und Ra 11 b (DV 301) entsprechen zwar dem Signal Ra 11 der ehemals geltenden DS 301. Das Signal Ra 11 b (weißes W) ist jedoch nur in den Neuen Bundesländern zu finden. Für die Zustimmung zur Vorbeifahrt an diesen Signalen bestehen unterschiedliche Maßgaben.
Außerdem: Im »Geltungsbereich der DS 301« wird das Grenzzeichen als Signal Ra 12, im »Geltungsbereich der DV 301« als Signal So 12 bezeichnet.

Rangiersignale

Ra 1
Mit der Mundpfeife oder dem Horn ein langer Ton und mit dem Arm oder der Laterne eine senkrechte Bewegung von oben nach unten
Wegfahren
Gemeint ist, vom Signalgeber wegzufahren. Kann es Zweifel über die beabsichtigte Richtung geben, muss der Auftrag mündlich gegeben oder die Richtung angezeigt werden.

Ra 2
Mit der Mundpfeife oder dem Horn zwei mäßig lange Töne und mit dem Arm oder der Laterne eine waagerechte Bewegung
Herkommen
Die Rangierfahrt soll in Richtung Signalgeber fahren. Bei Zweifel ist wie beim Signal Ra 1 zu verfahren.

Ra 3
Mit der Mundpfeife oder dem Horn zwei kurze Töne schnell nacheinander und mit dem Armen oder der Laterne eine die flach ausgestreckten Hände wiederholt einander nähern.
Aufdrücken

Das Signal wird verwendet, damit das Triebfahrzeug durch Aufdrücken das Kuppeln oder Entkuppeln des Fahrzeugs erleichtert.

Ra 4
Mit der Mundpfeife oder dem Horn zwei lange Töne und ein kurzer Ton und mit dem Arm oder der Laterne zweimal eine waagerechte Bewegung vom Körper nach außen und eine schnelle senkrechte nach unten
Abstoßen

Ra 5
Mit der Mundpfeife oder dem Horn drei kurze Töne schnell nacheinander und mit dem Arm oder der Laterne eine kreisförmige Bewegung
Rangierhalt

Ehemaliges Formabdrücksignal in Oschersleben (Bode). Die Signale Ra 6 bis 8 wurden von einem hohen Mast am Ablaufberg gegeben und in der Regel vom Berg- oder Rangiermeister gestellt.

Abdrücksignale

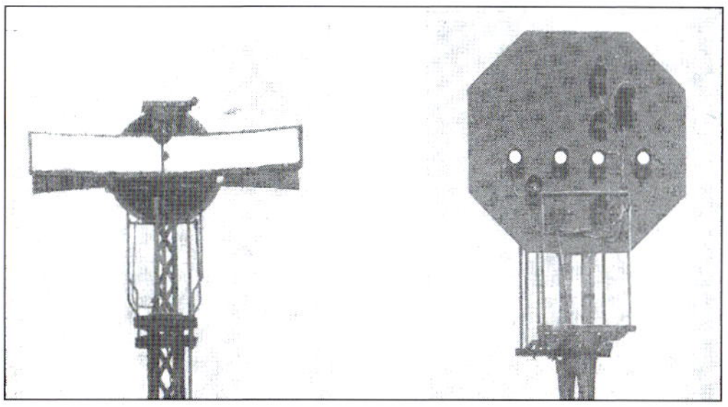

Das Signal Ra 6 als Form- und als Lichtsignal.
Entnommen: DV 301 von 1971 bzw. 1989

Ra 6
Ein weißer Balken mit schwarzem Rand oder ein weißer Lichtstreifen waagerecht
Halt! Abdrücken verboten

Ra 7
Ein weißer Balken mit schwarzem Rand oder ein waagerechter weißer Lichtstreifen schräg nach rechts aufwärts
Langsam abdrücken

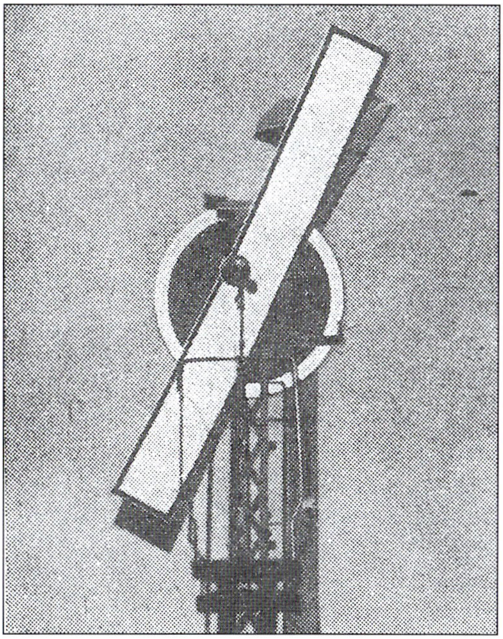

Das Signal Ra 7 als Form- und als Lichtsignal.
Entnommen: DV 301 von 1971 bzw. 1989

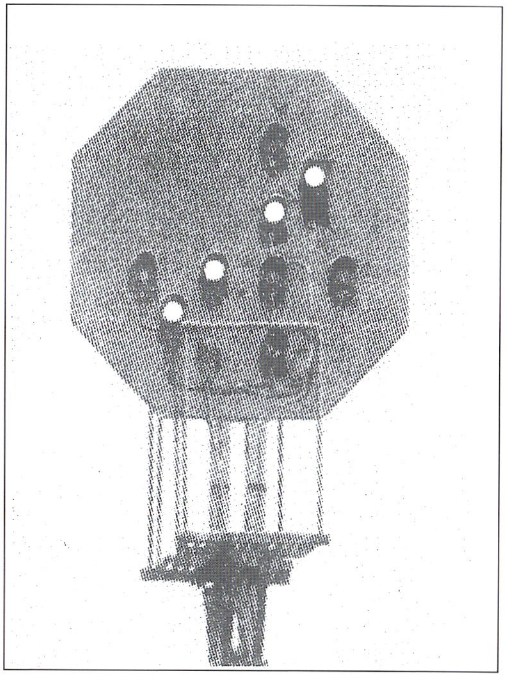

Ra 8
Ein weißer Balken mit schwarzem Rand oder ein weißer Lichtstreifen senkrecht
Mäßig schnell abdrücken

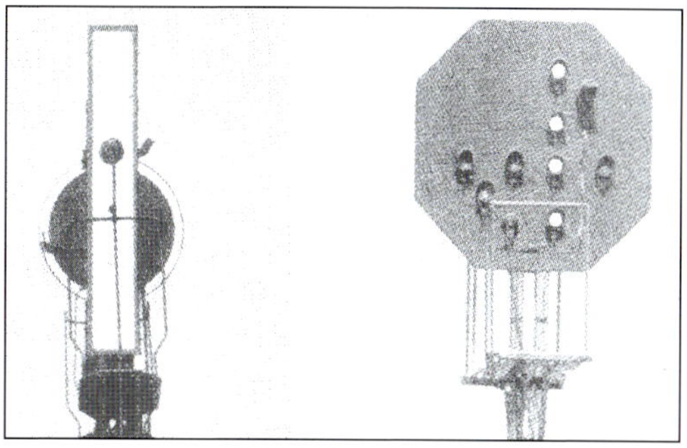

Bei weitem Lauf des Wagens oder der Wagengruppe wird das Signal Ra 8 verwendet.
Entnommen: DV 301 von 1971 bzw. 1989

Ra 9
Nur als Lichtsignal: Ein senkrechter Lichtstreifen, vom oberen Ende nach rechts ein waagerechter Lichtstreifen
Zurückziehen

Durch die direkte Verständigung mit Hilfe des Rangierfunks sind die Abdrücksignale fast überflüssig geworden.

W
301

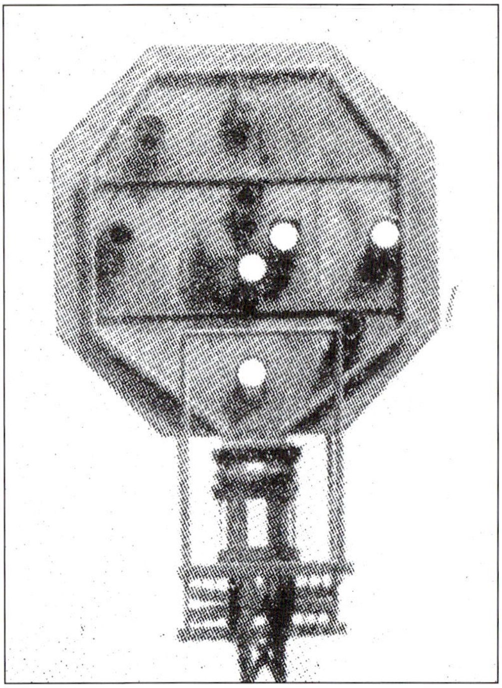

Dieses Signal ist wegen des Streifens nur als Lichtsignal möglich. Entnommen: DV 301 von 1971 bzw. 1989

Die Rangierhalttafel kann auch ohne Schrift sein, wie sie im »Geltungsbereich der DV 301« üblich war. Sie steht heute in der Regel links vom zugehörigen Gleis. Abweichungen müssen örtlich bekanntgegeben werden.

Da das Signal auf dem Bahnhof Gößnitz steht, wird es als Ra 11 a bezeichnet. Es ist im Geltungsbereich der DV 301 mit einem Signal Ra 12 ausgestattet. Foto: Emersleben

Die Rangierfahrt soll entgegen der Ablaufrichtung fahren.

Sonstige Signale für den Rangierdienst

Ra 10

Eine oben halbkreisförmig abgerundete weiße Tafel mit schwarzer Aufschrift »Halt für Rangierfahrten« oder ohne diese Aufschrift. Das Signal steht meist links vom Gleis.
Über die Tafel hinaus darf nicht rangiert werden.
Das Signal hat seinen Regelstandort links vom Gleis.

Ra 11 (DS 301) bzw. Ra 11 a (DV 301) - Wartezeichen

Ein gelbes W mit schwarzem Rand

Auftrag des Wärters zur Weiterfahrt abwarten

Das weiße W (= »Warten«) ist nur im »Geltungsbereich der DV 301« zu finden. Die Zustimmung des Wärters zur Rangierfahrt wird mündlich oder durch Hochhalten eines Armes oder einer weiß leuchtenden Handleuchte erteilt.

Ra 11 b (DV 301) - Wartezeichen

Ein weißes W mit schwarzem Rand

Auftrag des Wärters zur Weiterfahrt abwarten

Die Zustimmung des Weichenwärters zur Vorbeifahrt der Rangierfahrt wird gegeben:

- bei Ra 11 durch das Lichtsignal Sh 1
- bei Ra 11 und Ra 11 b mündlich oder hochgehaltenem Arm oder weiter weiß leuchtenden Handleuchte
- bei Ra 11 a durch das Signal Ra 12 nach der Dienstvorschrift 301, das dem Sh nach der Druckschrift 301 gleicht (zwei weiße Lichter nach rechts steigend.

Ra 12 (DS 301) bzw. So 12 (DV 301) – Grenzzeichen

Ein rot-weißes Zeichen

Grenze, bis zu der bei zusammenlaufenden Gleisen das Gleis besetzt sein darf.

Das Signal ist eine Markierung im Winkel zwischen zusammenlaufenden Gleisen, das entweder zwischen beiden Gleisen oder jeweils neben der inneren Schiene jeden Gleises steht. Über das konkrete Aussehen des »rot-weißen Zeichens« wird keine weitere Aussage getroffen.

Ra 13 – Isolierzeichen

Ein blauer Pfeil auf weißem Grund

Kennzeichnung der Grenze der Gleisisolierung

Das Signal wurde im Zusammenhang mit den Relaisstellwerken und den dafür isolierten Gleisen eingeführt. Es zeigt an, wie weit ein Gleis freizuhalten ist, damit die Weichen und Signale umgestellt werden können. Das Signal kann auch vor der Zugeinwirkungsstelle von Automatik-Hilfseinschalltasten der Bahnübergänge angeordnet sein. Es steht rechts oder links vom Gleis, der Pfeil zeigt auf das zugehörige Gleis.

An diesem Zwergsignal sieht man die Anordnung der Lampen für das Signal Ra 12 nach DV 301.

Ob es das Signal als Ra 12 oder So 12 bezeichnet wird, hängt davon ab, in welchem Bundesland es steht.

Vom neben dem Gleis angeordneten blauen Pfeil, dem Isolierzeichen an muss das Gleis freigehalten werden.

Modul 301.0801, Abschnitte 1 - 9
Bedeutung:
Weichensignale zeigen an, für welchen Fahrweg die Weiche gestellt ist.
Signalbild:
Weißes Rechteck, runde weiße Scheibe oder weiße Pfeile als Formsignal, rückstrahlend oder transparent beleuchtet. Weiße Lichter als Lichtsignal bei elektrisch ortsgestellten Weichen (EOW).

Das Hebelgewicht in Gelb bedeutet, dass für diese Weiche keine Grundstellung bestimmt ist. Signal Wn 2

Wn 1

Ein auf der Schmalseite stehendes weißes Rechteck auf schwarzem Grund, von der Weichenspitze oder vom Herzstück ***aus gesehen*** – als Formsignal.
Zwei ***übereinander stehende*** weiße Lichter - als Lichtsignal.

Gerader Zweig

Das Lichtsignal gehört zu den 1997 erprobten und dann verbreiteten sogenannten elektrisch ortsgestellten Weichen (EOW), die vom Lokomotivführer oder vom Rangierbegleiter per Schlag-

Signal Wn 1: Die Weiche ist für den geraden Zweig gestellt. *Foto: Emersleben*

Die beiden Weichenkörper zeigen die Rückseite des Signals Wn 1, die mit der Vorderseite identisch ist, und die Rückseite des Signals Wn 2.

taster umgestellt werden, ohne dass sie dafür von der Lokomotive oder vom Wagen absteigen müssen. Es gibt in Rangieranlagen auch zentrale ***Stelltafeln*** , von denen aus vom Rangierbegleiter oder Triebfahrzeugführer mehrere Weichen dieser Bauart umgestellt werden können.
Während des Umstellvorgangs oder bei einer Störung blinkt mindestens ein Licht der Weiche, bei den Eisenbahnen des Bundes zwei Lichter.
Die Lichtsignale werden auch Weichenlage- und Ordnungsmelder (WLM) genannt. Sie teilen dem Triebfahrzeugführer nicht nur mit, in welcher Lage sich die Weiche befindet, sondern auch dass die Weiche umläuft oder ob eine Weichenstörung vorliegt.

Wenn die Weiche 25 umgestellt ist, zeigt der Pfeil nach links – Signal Wn 2. Die hochgestellten Weichenkörper sind älterer Bauart.

Die Sichel kennzeichnet die Außenbogenweiche, also die Bauform, bei der beide Fahrwege als Bogen ausgeführt sind.
Foto: Krebs

Statt des Pfeils kann ein weißer Streifen für das Wn 2 genügen.

Sind Rückfallweichen mit Weichensignalen versehen, werden die weißen Symbole der Signale Wn 1 und Wn 2 vielfach auf orangefarbenem Grund dargestellt.

Wn 2

Von der Weichenspitze aus gesehen: Ein weißer Pfeil oder Streifen zeigt je nach Ablenkung der Fahrtrichtung schräg nach links oder nach rechts aufwärts. Das Lichtsignal zeigt zwei ***nebeneinander stehende***, weiße Lichter.
Vom Herzstück aus gesehen:
Eine ***runde*** weiße Scheibe, bei Außenbogenweichen mit einer nach links oder rechts geöffneten Sichel.

Gebogener Zweig

Wn 3

Signal für Doppelte Kreuzungsweiche: Die Richtung der Pfeile oder Streifen zeigen den Fahrweg

Signal Wn 4 der Doppelten Kreuzungsweiche, die wegen ihrer aufwändigen Instandhaltung peu á peu verschwinden.

Lichtsignal Wn 6 einer elektrisch ortsgestellten Weiche (EOW).

an. Das Lichtsignal zeigt mit drei Lichtern eine entsprechende Linie.

Gerade von links nach rechts

Wn 4

Gerade von rechts nach links

Wn 5

Bogen von links nach links

Wn 6

Bogen von rechts nach links

Wn 7

Ein senkrechter, schwarzer Streifen in einer runden, weißen Scheibe auf schwarzem Grund.

Die Gleissperre ist abgelegt.

Das Signal wurde mit dieser Kurzbezeichnung zum 14.12.2008 ins Signalbuch aufgenommen, Es ersetzte das deckungsgleiche Signal Gsp 2 im »Geltungsbereich der DV 301«. Im »Geltungsbereich der DS 301« löst es das Signal Sh 1 am Gleissperrensignal mit einer Übergangsfrist von 20 Jahren (!) am Gleissperrensignal ab. Das Signal stellt keine Zustimmung des Weichenwärters zur Fahrt dar. Nach rückwärts erscheint eine kleine weiße, runde Scheibe auf schwarzem Grund.

Bereich mit elektrisch ortsgestellten Weichen und Schlagtastern zur Weichenbedienung. *Foto: Krebs*

Bei aufgelegter Gleissperre zeigt der Signalkörper das Signal Sh 0, den waagerechten Streifen. Ist die Gleissperre abgelegt, erscheint der senkrechte schwarze Streifen, wie er links zu sehen ist: Signal Wn 7, ehemals Gsp 2 im »Geltungsbereich der DV 301«.

Module 301.0901 - 301.0904
Die Signale für das Zugpersonal sind gegliedert in:
Signale des Triebfahrzeugführers,
Bremsprobesignale,
Abfahrsignal, Türschließauftrag
Rufsignale.
Signalbilder:
Hör- und/oder sichtbar, zum Beispiel Bremsprobesignale nur sichtbar durch Hand- oder Lichtsignale

Signale des Triebfahrzeugführers

Zp 1 – Achtungssignal
Ein mäßig langer Ton, mit der Pfeife oder »der sie ersetzenden Einrichtung des Fahrzeugs«
Achtung

Das Signal soll Aufmerksamkeit erregen, zum Beispiel um Personen zu warnen, vor dem Anfahren von Militär- und Arbeitszügen, wenn Schranken nicht geschlossen sind oder der Bahnübergang nicht ausreichend gesichert ist, vom Führer der Vorspannlokomotive, wenn dies vorgeschrieben ist, bei handgebremsten Zügen, um auf die zu erwartenden Signale Zp 2 oder Zp 3 hinzuweisen.

Zp 2
Ein kurzer Ton
Handbremsen mäßig anziehen

Zp 3
Drei kurze Töne schnell hintereinander
Handbremse stark anziehen

Zp 4
Zwei mäßig lange Töne nacheinander
Handbremsen lösen

Zp 5 – Notsignal
Mehrmals drei kurze Töne schnell nacheinander
Beim Zug ist etwas Außergewöhnliches eingetreten – Bremsen und Hilfe leisten

Wo regelmäßig Bremsproben notwendig sind, werden Lichtsignale vorgesehen.

Das Handsignal Zp 6 als Tages- und Lichtsignal. Entnommen: DV 301 von 1971 bzw. 1989

Bremsprobesignale

Zp 6
Handsignal am Tage:
Beide Hände werden über dem Kopf zusammengeschlagen.
Handsignal nachts:
Die weißleuchtende Handlaterne wird mehrmals mit der rechten Hand in einem Halbkreis gehoben und senkrecht schnell gesenkt.
Als Lichtsignal:
Ein weißes Licht.
Bremse anlegen

Zp 7

Handsignal am Tage:
Eine Hand wird über dem Kopf mehrmals im Halbkreis hin- und hergeschwungen.
Handsignal nachts:
Die weißleuchtende Handlaterne wird über dem Kopf mehrmals im Halbkreis hin- und hergeschwungen.
Als Lichtsignal:
Zwei weiße Lichter senkrecht übereinander.

Bremse lösen

Zp 8

Handsignal am Tage:
Beide Arme werden gestreckt senkrecht hochgehalten.
Handsignal nachts:
Die weißleuchtende Handlaterne wird mehrmals im in Form einer liegenden Acht bewegt.
Als Lichtsignal:
Drei weiße Lichter senkrecht übereinander.

Bremse in Ordnung

Beide Arme hoch: Ich ergebe mich – nein, Bremse in Ordnung. Das Nachtsignal soll eine liegende Acht erkennen lassen. Entnommen: DV 301 von 1971 bzw. 1989

Abfahrsignal, Türschließauftrag

Zp 9

Als Handsignal am Tage: Eine runde weiße Scheibe mit grünem Rand,
oder das Nachtzeichen des Signals,
oder bei Nichtbundeseigenen Eisenbahnen auch das Hochhalten der Hand.
Als Handsignal bei Dunkelheit:
Ein grünes Licht,
Als Lichtsignal:
Ein grünleuchtender Ring
oder bis auf weiteres
ein senkrechter grüner Lichtstreifen.

Abfahren

Das Abfahrsignal wird von dazu berechtigten Mitarbeitern als Abfahr- oder Durchfahrauftrag gegeben. Den Abfahrauftrag erteilt der Zugführer oder die örtliche Aufsicht an den Triebfahrzeugführer möglichst nahe dem führenden Fahrzeug. Ist es ein Durchfahrauftrag, gibt der Fahrdienstleiter, die örtliche Aufsicht oder der Wärter des ersten am Durchfahrweg gelegenen Stellwerks das Signal.

Zp 10 – Türschließauftrag

Ein waagerechter, weißer Lichtstreifen oder im »Geltungsbereich der DS 301« bei S-Bahnen im nichtleuchtenden Ring des Lichtsignals Zp 9 ein weiß leuchtendes T.

Türen schließen

Die runde weiße Scheibe mit grünem Rand, die dem Triebfahrzeugführer gezeigt wird, ist der Befehlsstab.

Am Signal unten erscheint der grüne Ring als Signal Zp 9.

Der weiße Lichtstreifen des Signals Zp 10 erscheint hier zwischen dem Ks 1 (oben) und dem Zs 3 (unten). Die Kreisscheibe rechts ist am 10.12.2006 abgeschafft worden.

Rufsignale

Zp 11

Ein langer, ein kurzer und ein langer Ton oder ein entsprechendes Lichtzeichen (nach dem Morse-Alphabet der Buchstabe K). Das von einem Horn, einer Hupe, einem Wecker, einer Leuchte oder einer Fahrzeugpfeife / Typhon gegebene Signal soll Eisenbahner herbeirufen, den Zug- oder Triebfahrzeugführer an den Signalfernsprecher rufen oder auf Bahnhöfen ohne Einfahrsignal die Einfahrt eines Zuges veranlassen.

Kommen

Zp 12

Zwei kurze, ein langer und ein kurzer Ton (nach dem Morse-Alphabet der Buchstabe F) von der Zugspitze mit der Fahrzeugpfeife, vom Zugschluss mit dem Horn.

Grenzzeichenfrei

Dabei bedeutet das Signal vom Triebfahrzeugführer »Die Spitze des Zuges steht grenzzeichenfrei.« Das Signal vom Zugbegleiter bedeutet: »Der Schluss des Zuges steht grenzzeichenfrei.«

Modul 301.1001, Abschnitte 1 - 3

Bedeutung:

Die Fahrleitungssignale kennzeichnen Fahrleitungs-Schutzstrecken, Fahrleitungs-Unterbrechungen, gestörte Fahrleitungs-Abschnitte und das Ende der Fahrleitung.

Signalbild:

Auf der Spitze stehende, weiß und schwarz umrandete blaue Quadrattafeln mit weißen Signalzeichen, ggf. mit Richtungspfeil(en).

Zu den Fahrleitungsanlagen gehören nicht nur die klassischen Oberleitungsanlagen, sondern auch Oberleitungsstromschienen und seitlich angeordnete Stromschienen. Die El-Signale gelten für alle Anwendungsfälle. Dass die stromlosen Fahrleitungsabschnitte, ob ständige, vorübergehende oder gestörte, signalisiert werden, ist einleuchtend. Weniger jedoch die Bedeutung der Schutzstrecke.

Das Signal El 1v sollte nicht mit dem El 3 verwechselt werden; die Rechtecke sind in gleicher Höhe.

An allen Gleisen mit Oberleitung wird das Signal zum Ausschalten mit dem Signal El 1v angekündigt.

Foto: Emersleben

Die Schutzstrecke ist ein neutraler Fahrleitungsabschnitt, der Speisebezirke oder fest geerdete Fahrleitungsabschnitte, wie sie beispielsweise unter niedrigen Brücken vorkommen, derart trennt, dass der Stromabnehmer elektrischer Triebfahrzeuge diesen Abschnitt auch nicht verbinden können. Denn zwischen den einzelnen Speisebezirken fließt der Strom nie völlig synchron. Infolge der Phasenverschiebungen besteht die Gefahr, dass es zu erheblichen Störungen an den Motoren kommt.

Der Streckentrenner soll auch Lichtbogen vermeiden. Das elektrische Triebfahrzeug darf die Schutzstrecke nur stromlos, also mit ausgeschaltetem Hauptschalter befahren, um infolge der Leistungsaufnahme durch das Triebfahrzeug die Bildung von Lichtbogen zu verhindern. Die Schutzstrecke wird durch die Signale El 1 und El 2 begrenzt.

Normalerweise sind die El-Signale statisch. Sie können nur ein Signalbild anzeigen. Wenn jedoch Schutzstrecken nur zeitweilig erfordern, dass das Triebfahrzeug ausgeschaltet wird, dann werden veränderliche Aus- und Einschaltsignale (El 1/El 2) angebracht.

Das Ausschaltsignal der S-Bahn wird bei »einfachen örtliche Verhältnissen« nicht besonders angekündigt.

Links unten am S-Bahn-Gleis sehen wir zwei Signale El 1, die wegen der Unterbrechung der Stromschiene an den Weichen aufgestellt sind, einmal mit dem Richtungspfeil für die Fahrt auf dem rechten Gleis und einmal für die Fahrt zum linken Gleis.

El 1v

Zwei weiße Rechtecke waagerecht nebeneinander.

Signal El 1 erwarten

Das Signal wird im halben Abstand des Bremswegs der Strecke vor dem Signal El 1 angezeigt; bei einfachen örtlichen Verhältnissen wird auf das El 1 v verzichtet.

El 1 – Ausschaltsignal

Ein zerlegtes weißes U (Eselsbrücke: Unterbrechung).

Ausschalten

Am Signal muss das Ausschalten des Hauptschalters beendet sein.

El 2 – Einschaltsignal

Ein geschlossenes weißes U.

Einschalten erlaubt.

Das Signal kann mit dem Signal El 1 vereinigt sein; es befindet sich dann über dem Signal El 1. Der Hauptschalter des Triebfahrzeugs muss dann spätestens am Signalstandort ausgeschaltet sein

Die Signale El 1 und El 2 können an einem Mast vereinigt sein.

Die Oberleitung endet. Das Signal El 6 über dem Triebwagen erlaubt Fahrzeugen mit gehobenem Stromabnehmer grundsätzlich keine Weiterfahrt. *Foto: Emersleben*

Auf der Grenzbrücke in Wasserbillig endet die luxemburgische Wechselspannung von 25 kV 50 Hz. Unmittelbar hinter der Brücke beginnt die deutsche Wechselspannung 15 kV 16,7 Hz. *Foto: Emersleben*

25
37
4

und darf nach der Vorbeifahrt und darf wieder eingeschaltet werden, wenn wieder die Fahrleitungsspannung besteht.

Wo ein Systemwechsel der Stromarten besteht, kann das Signal El 2 mit einer auf der Spitze stehenden weiß- und schwarzumrandeten blauen quadratischen Tafel ergänzt sein. Auf der Tafel ist die Stromart symbolisch angezeigt. Erst nach dem Systemwechsel darf das Triebfahrzeug wieder eingeschaltet werden.

El 3 – »Bügel ab«-Ankündesignal

Zwei in der Höhe gegeneinander versetzte weiße Streifen.

Signal »Bügel ab« erwarten

Das Signal kündigt das Signal El 4 an und befindet sich in der Regel im halben Abstand des Bremswegs der Strecke vor dem Bügel-ab-Signal.

El 4 – »Bügel ab«-Signal

Ein waagerechter weißer Streifen.

Bügel ab

Das Signal zeigt den Beginn eines Gleisabschnitts an, der nur mit gesenkten Stromabnehmern befahren werden darf. Es befindet sich 30 Meter vor dem entsprechenden Abschnitt.
Der zunehmende Einsatz von Mehrkraft-Triebfahrzeugen erfordert zunehmend die Anwendung von Signalen El 3 und El 4 mit Zusatztafeln. Bei mehreren Fahrwegverzweigungen kann so – ähnlich wie beim Richtungsanzeiger (Signal Zs 2) - mit Kennbuchstaben signalisiert werden, für welchen Fahrweg »Bügel ab« gilt.

Im Unterschied zum Signal El 1 v sind beim Signal El 3 die Rechtecke gegeneinander versetzt.

An der Stoßstelle zweier Stromsysteme – hier im Bahnhof Oderbrücke – stehen die Signale El 4, danach Signal El 5 und am selben Mast der Hinweis auf die 15-kV-Wechselspannung. *Foto: Krebs*

In die vom Pfeil angezeigte Richtung darf kein Fahrzeug mit gehobenem Stromabnehmer fahren. *Foto: Münzer*

El 5 – »Bügel an«-Signal

Ein senkrechter weißer Streifen

Bügel an

Das Signal zeigt das Ende eines Gleisabschnitts an, der nur mit gesenkten Stromabnehmern befahren werden darf. Der Stromabnehmer darf erst angelegt werden, wenn das Triebfahrzeug am Signal vorbeigefahren ist.

Wie beim Signal El 2 kann das Signal El 5 an »Stoßstellen« der Stromarten mit Tafeln ergänzt sein, die auf den Wechsel hinweisen.

El 6

Ein auf der Spitze stehender quadratischer weißer Rahmen mit innenliegendem weißem Quadrat.

Halt für Fahrzeuge mit gehobenen Stromabnehmern

Das Eisenbahninfrastrukturunternehmen kann dennoch die Vorbeifahrt mit gehobenen Stromabnehmern am Signal zulassen.

Nach dem Text der Eisenbahn-Signalordnung gibt für das Zg 1 – Spitzensignal - kein Tageszeichen. …

Foto: Emersleben

Modul 301.1101, Abschnitte 1 - 3

Bedeutung:

Kennzeichnung der Züge und der auf die freie Strecke übergehenden Nebenfahrzeuge mit Kraftantrieb

Signalbild:

Lichtsignale, die die Zugspitze und Tafeln oder Lichtsignale, die den Zugschluss anzeigen.

Gegenüber historischen Regelungen sind die Signale bedeutend vereinfacht worden. Ob es sich beispielsweise um einen Sonderzug handelt, einen Regelzug, dem ein Sonderzug folgt, oder um Züge auf dem Gleis entgegen der Fahrtrichtung, wird nicht mehr durch spezielle Signale angezeigt. Die Kommunikationstechnik und nicht die Signale sorgt inzwischen für die Verständigung der Beteiligten, abgesehen davon, dass bei hohen Geschwindigkeiten mit Signalen am Zuge diese Form der Benachrichtigung unmöglich geworden ist und die Zahl der Betriebsstellen der freien Strecke abgenommen hat.

… doch seit 2008 gilt die Ausführungsbestimmung,, nach der auch am Tage das Dreilichtspitzensignal zu führen ist.

Für das Nebenfahrzeug genügen als Spitzensignal zwei weiße Lichter, für die es auch eine entsprechende Vorrichtung gibt. *Foto: Emersleben*

Zwei rot-weiße reflektierende Tafeln bilden das Schlusssignal Zg 2 an diesem Güterzug.

Zg 1 – Spitzensignal

Am Tage kein besonderes Signal, nachts drei weiße Lichter in Form eines A (Dreilicht-Spitzensignal).

Kennzeichnung der Zugspitze

Scheinbar widersprüchlich scheint die Angabe zum Tagessignal, denn im vierten Absatz des zweiten Abschnitts heißt es: »Die Nachtzeichen sind auch bei Tage zu führen.« Folglich gibt es als Spitzensignal für Züge nur das eine, das Dreilicht-Spitzensignal. Die Maßgabe, das Nachtsignal auch am Tage zu verwenden, ist eine Ausführungsbestimmung der Eisenbahn-Signalordnung. Im aktuellen Signalbuch ist, wie bereits hingewiesen, die Unterscheidung Eisenbahn-Signalordnung, Ausführungsbestimmungen, Richtlinie der DB nicht zu erkennen, einfacher für den »Anwender« geworden.

Das Dreispitzen-Signal wurde einmal eingeführt, um Verwechslungen mit Straßenfahrzeugen zu vermeiden; wichtig besonders bei parallel verlaufender Strecke und Straße.

Allerdings werden, wenn das erste Fahrzeug kein Triebfahrzeug und auch kein Steuerwagen ist, etwa bei geschobenen Güterwagen als Spitzensignal nur zwei weiße Lichter in gleicher Höhe eingesetzt. Der Grund: Für die Lichter kann die Halterung der Zugschlusssignale verwendet wird, für ein drittes Licht fehlt diese.

Zwei rote Lichter als Schlusssignal an einem Wendezug.

Zg 2 – Schlusssignal

Am letzten Fahrzeug zwei rote Lichter – ggf. als Blinklicht - oder zwei rechteckige Tafeln mit zwei weißen seitlichen Dreiecken und zwei roten Dreiecken oben und unten. Sie müssen reflektierend sein.

Es wird nicht mehr nach Tages- und Nachtzeichen unterschieden.

Kennzeichnung des Zugschlusses

Die zwei Zeichen müssen sich in gleicher Höhe befinden und müssen nur von hinten sichtbar sein.

Wenn die Möglichkeit besteht zwei rote Lichter zu zeigen, dürfen keine anderen Zeichen verwendet werden. Die Strecken, auf denen die Züge zwei rote Lichter führen müssen, werden vom Infrastrukturunternehmer bestimmt und entsprechend bekannt zu geben.

Modul 301.1201, Abschnitte 1 - 3
Bedeutung:
Das Signal kennzeichnet die Rangierlokomotiven und besetzte Wagen während des Stillstands. Zu dieser Signalgruppe gehören nur noch zwei Signale.
Signalbild:
Lichtsignal nachts bzw. gelbe Fahne oder Tafel

Fz 1 – Rangierlokomotivsignal

Am Tage kein besonderes Signal, nachts vorn und hinten ein weißes Licht, in der Regel in Pufferhöhe.

Kennzeichnung einer Lokomotive im Rangierdienst

Werden von der Rangierlokomotive Bahnübergänge ohne technische oder ohne Postensicherung befahren, hat die Lokomotive das Signal Zg 1 a (Dreispitzensignal) führen. Auch Nebenfahrzeuge führen das Signal Fz 1, wenn sie mit Kraftantrieb rangieren.

Fz 2 – Gelbe Fahne

Der Wagen wird an jeder Langseite mit einer gelben Fahne oder gelben Tafel gekennzeichnet, nachts ebenso. Außerdem ist das Fahrzeug zufolge seiner inneren Beleuchtung nach außen erkennbar.

Kennzeichnung von Wagen, die während eines Stilllagers mit Personal besetzt sind

Das Signal wird abgenommen, wenn der Wagen in einen Zug eingestellt ist.

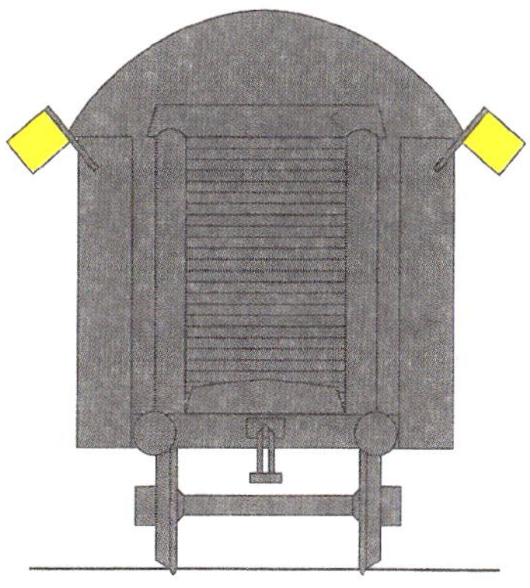

ROTTENWARNSIGNALE (Ro)

Modul 301.1301, Abschnitte 1 - 5
Bedeutung:
Die Signale warnen die Beschäftigten im oder am Gleis vor nahenden Fahrzeugen und weisen deren Verhalten an. Das Wort Rotte stammt noch aus der Frühzeit der Eisenbahn, als eine Gruppe von Gleisbauarbeitern Rotte genannt wurde, die unter Anleitung des Rottenmeisters die Gleise instand hielt.
Signalbild:
Hörbar, in der Regel mit dem Mehrklangsignalhorn oder Tyfon gegeben, gelten auch wenn sie nur in einer Tonlage gehört werden, sofern die für den Bahnbetrieb zuständige Stelle keine anderen Signale festgelegt hat. [22] .
Signal Ro 4 als Formsignal.

Ro 1

Ein langer Ton als Mischklang aus zwei verschieden hohen Tönen; auch zu befolgen, wenn nur in einer Tonlage gegeben.

Vorsicht! Im Nachbargleis nähern sich Fahrzeuge

Auf das Signal wird verzichtet, wenn durch Absperrungen das Nachbargleis nicht betreten werden kann.

Ro 2

Zwei lange Töne nacheinander in verschiedener Tonhöhe

Arbeitsgleise räumen

Ro 3

Mindestens fünfmal je zwei kurze Töne nacheinander in verschiedener Tonlage.

Arbeitsgleise schnellstens räumen

Abbildung links: Die Gift- und die Pulverflagge sind passé; übrig blieb die gelbe Fahne, die einmal typisch für die abgestellten Postwagen war.

Entnommen: DV 301

Die vorgenannten Signale entsprechen den Aussagen der Eisenbahn-Signalordnung und dem Signalbuch Ril 301.1301. Für den Bereich der DB-Eisenbahninfrastrukturunternehmen wurden die Signalbegriffe Ro 2 und Ro 3 in Wa 2 und Wa 3 geändert. Hintergrund ist, dass es sich bei den von der DB AG eingesetzten Warnsignalen nicht um Rottenwarnsignale gemäß ESO handelt, sondern um Warnsignale, die von der für den Bahnbetrieb zuständigen Stellen gemäß DGUV Vorschrift 78 (Unfallverhütungsvorschrift Arbeiten im Bereich von Gleisen) festgelegt werden, handelt.
So wurde festgelegt, dass bei den DB-Eisenbahninfrastrukturunternehmen nur noch die angepassten Warnsignale

- Wa 2 - Gefahrenraum räumen und meiden (früher Ro 2) und
- Wa 3 - Gefahrenraum schnellstens räumen (früher Ro 3)

genutzt werden dürfen. Anstelle des Begriffs Arbeitsgleis wird der Begriff Gefahrenraum verwendet. Er umfasst einen konkret festgelegten Raum, der über das Gleis hinausgeht. Die konkrete Ausgestaltung der Signale Wa 2 und Wa 3 ist von der verwendeten Technik abhängig. Das Signal Ro 1 kommt somit nicht mehr zur Anwendung. [21]
Ist die Austrittseite, nach der der Gleisbereich (Gefahrenraum) verlassen werden muss, nicht zweifelsfrei zu erkennen, kennzeichnet die Sicherungsaufsicht diese Seite durch Fahnenschilder (Ro 4). [22]

Ro 4 – Fahnenschild

Ein weißes Fahnenschild mit schwarzem Rand ist in der Nähe der Rotte (Arbeitsstelle) gleichlaufend zum Gleis aufgestellt.

Kennzeichnung der Gleisseite, nach der beim Ertönen der Signale Ro 2 und Ro 3 die Arbeitsgleise zu räumen sind

Ein Sicherungsposten gibt mit dem Mehrklanghorn die Ro-Signale. Heute werden technische Lösungen favorisiert. *Foto: Emersleben*

Obwohl die Baustellen am Gleis besser als früher vor dem Zugverkehr gesichert sind, kann das Fahnenschild als Hinweis für die Bauarbeiter noch verwendet werden. Entnommen: DV 301 von 1971/1958

Modul 301.1401, Abschnitte 1 - 14

Bedeutung:

Die Signale sind keineswegs nebensächlich, wie man nach ihrer Bezeichnung meinen könnte, sie ergänzen die Haupt- und Vorsignale und weisen auf die Bahnübergänge sowie Rückfallweichen hin. Signale mit der Kurzbezeichnung »So« sind aus der DV 301 übernommen wurden, da sie in der DS 301 bzw. der Eisenbahn-Signalordnung in dieser Form nicht enthalten waren.

Signalbild:

Tafeln in mannigfacher Ausführung.

In dieser Signalgruppe bestehen zwischen den Signalen in den Netzen der ehemaligen Deutschen Bundesbahn (»Geltungsbereich der DS 301«) und der ehemaligen Deutschen Reichsbahn (»Geltungsbereich der DV 301«) noch einige Unterschiede.

Im Netz der ehemaligen Deutschen Reichsbahn bestehen folgende Abweichungen:

- Neben den Ne-Signalen gibt es noch So-Signale (= Sonstige Signale).
- besondere Vorsignaltafel vor dreibegriffigen Formvorsignalen
- andersartige Vorsignaltafel bei verkürztem Bremsweg
- mögliches gelbes Dreieck als Mastschild eines Lichtvorsignals statt der Vorsignaltafel
- nur in diesem Geltungsbereich vorkommende Signale So 1 (Endtafel), So 19 (Hauptsignalbaken) und So 106 (Kreuztafel).

Im »Geltungsbereich der DS 301« gilt das Signal Ne 4 auch für Sperrsignale.

Ne 1 – Trapeztafel

Eine weiße Trapeztafel mit schwarzem Rand am Ende des schwarz und weiß schräg gestreiften Pfahls.

Kennzeichen der Stelle, wo bestimmte Züge vor einer Betriebsstelle zu halten haben

Merkwürdige Signalanordnungen gibt es: Das Signal Ne 1 (Trapeztafel) begrenzt den Bahnhof Landl. Doch nach diesem Signal zweigt das Gleis zur Strecke Rosenheim – Salzburg ab, so dass zusätzlich 400 Meter vor dem Hauptsignal an dieser Strecke das Signal Ne 2 (Vorsignaltafel) aufgestellt werden musste. Foto: Fährmann

Das Signal steht bei den Eisenbahnen des Bundes vor Bahnhöfen ohne Einfahrsignale. Es begrenzt dann die Bahnanlage Bahnhof mit der freien Strecke.
Auf Strecken mit Zugleitbetrieb kann die Trapeztafel auch vor anderen Zuglaufstellen stehen. Sie übernimmt dann die Funktion des »Blocksignals«. Ob ein »bestimmter Zug« vor der Trapeztafel zu halten hat, geht aus dem Fahrplan oder einem schriftlichen Befehl hervor.

Ist die Vorsignalscheibe umgeklappt, könnte der Lokomotivführer unter Umständen das Signal übersehen. Die Vorsignaltafel macht ihn auf dieses aufmerksam. *Foto: Emersleben*

Das Dreieck mit dem schwarzen Punkt macht im »Geltungsbereich der DV 301« darauf aufmerksam, dass das Vorsignal einen Zusatzflügel besitzt. *Foto: Emersleben*

Seit 2014 kann die Trapeztafel auch auf zweigleisigen Strecken an Gleisen entgegen der gewöhnlichen Fahrtrichtung aufgestellt sein. Bei fehlendem Haupt- oder Sperrsignal wird damit die Lage des 2000 Hz Gleismagneten gekennzeichnet. Diese Trapeztafeln sind mit einer Kilometerangabe ergänzt. [23]

Ne 2 – Vorsignaltafel

Eine schwarzgeränderte weiße Tafel mit zwei übereinander stehenden schwarzen Winkeln, die sich mit der Spitze berühren. Im »Geltungsbereich der DV 301« kann vor einem dreibegriffigen Formvorsignal über der Vorsignaltafel eine dreieckige, schwarz geränderte, weiße Tafel mit einem schwarzen Punkt angebracht sein.

Kennzeichnung des Standorts eines Vorsignals

Die Vorsignaltafel steht in der Regel vor einem Vorsignal, nicht jedoch wenn das Vorsignal an einem Lichthauptsignal steht, wenn das Lichthauptsignal zugleich die Vorsignalfunktion besitzt und auch nicht vor einem Vorsignalwiederholer.
Ist das Vorsignal über dem Gleis angebracht (aufgehängt), dann befindet sich die Vorsignaltafel über oder unter dem Signal.
Die Vorsignaltafel wurde in den dreißiger Jahren »erfunden«, um den Lokomotivführer auf das bei umgeklappter Vorsignalscheibe wenig auffällige Signalbild »Fahrt frei erwarten« aufmerksam zu machen.

Auf Signalbrücken und -auslegern darf die Vorsignaltafel auch über dem Signal angeordnet sein.

Immer öfter ersetzt auf Nebenbahnen die alleinstehende Vorsignaltafel die Kreuztafel (Signal So 106).

Eine Vorsignaltafel kann auch allein stehen wenn sie abseits des Vorsignals aufgestellt wird, um darauf hinzuweisen, dass (zum Beispiel bei Bauzuständen) das Vorsignal nicht rechts oder über dem Gleis steht. Sie steht auch allein wenn auf das Vorsignal ganz verzichtet wird In diesen Fällen kennzeichnet sie den Bremswegabstand der Strecke zum Hauptsignal, einem Lichtsperrsignal oder einer Trapeztafel.

Wenn der Abstand des Vorsignals zum Hauptsignal mehr als 5 Prozent kürzer als der Bremsweg der Strecke ist, trägt die Vorsignaltafel auf dem oberen Rand ein auf der Spitze stehendes weißes Dreieck mit schwarzem Rand. Diese Ergänzung entfällt bei Vorsignalen, die mit einem weißen Zusatzlicht gekennzeichnet sind.

Im »Geltungsbereich der DV 301« kann auf das Vorsignal, das zum Hauptsignal im verkürzten Abstand des Bremswegs der Strecke steht und kein weißes Zusatzlicht trägt, durch eine Vorsignaltafel mit einem schwarzen Ring zwischen den Spitzen der übereinander stehenden schwarzen Winkel hingewiesen werden.

Der schwarze Ring weist auf den verkürzten Vorsignalabstand hin. Im »Geltungsbereich der DS 301« steht stattdessen ein weißes Dreieck auf der Vorsignaltafel. Bei Lichtvorsignalen mit weißem Zusatzlicht entfallen solche Kennzeichnungen..

Ne 5 – Haltetafel

Eine hochstehende weiße oder schwarze Rechteckscheibe mit schwarzem bzw. weißem H.

Kennzeichnung des Halteplatzes der Zugspitze bei planmäßig haltenden Zügen

Reisezüge mit Verkehrshalt haben an der Haltetafel zu halten. Wo das Halten auf die Zuglänge abgestimmt werden soll, erhalten die Haltetafeln zusätzliche Schilder mit der Längenangabe oder auf ihnen eine Bezeichnung wie »Kurzzug«. Auf Bahnhöfen ohne Ausfahrsignal haben haltende Züge, auch Güterzüge, an der Haltetafel zu halten, Reisezüge am Bahnsteig, wenn die Haltetafel fehlt.

Eine Besonderheit stellt eine hochstehende, schwarze Rechteckscheibe mit einem weiß blinkenden »H« dar. Blinkt das weiße H, wird angezeigt, dass ein Bedarfshalt angefordert wurde.

Weiterhin gilt: »Das Eisenbahnverkehrsunternehmen darf eine andere Haltetafel bestimmen, die nicht der Zuglänge entspricht, sofern sich bei besetzten Reisezügen alle Einstiegstüren am Bahnsteig befinden.« Damit wird jenen Zügen entsprochen, die mit Wagen verstärkt werden. Der Kurzzug fährt bis zur H-Tafel für Vollzüge und lässt den zuzusetzenden Wagen Platz am Bahnsteig.

Zusatzschilder an der Haltetafel für die Zuglänge und rechts ein Zuordnungspfeil, weil dieses Signal für das rechte Gleis gültig ist.

Das Signal Ne 5 kann die verschiedensten Zusatzschilder tragen.

Etwas zugewachsen aber gültig: Eine Schneepflugtafel Ne 7. Die Spitze - hier eine weiße - zeigt nach oben. Damit lautet der Auftrag an das Personal des Schneepflugs: Pflugschar heben.

Foto: Krebs

Ne 6 – Haltepunkttafel

Eine schräg zum Gleis gestellte waagerechte weiße Tafel mit drei schwarzen Schrägstreifen.

Ein Haltepunkt ist zu erwarten

Das Signal kündigt auf Hauptbahnen im Abstand des Bremsweges der Strecke, auf Nebenbahnen 150 Meter vor dem Bahnsteig Haltepunkte oder Haltestellen an, sofern sie schwer zu erkennen sind.

Ne 7 – Schneepflugtafel

Eine weiße oder gelbe Pfeilspitze mit schwarzem Rand zeigt nach oben.

Pflugschar heben

Eine weiße oder gelbe Pfeilspitze mit schwarzem Rand zeigt nach unten.

Pflugschar senken

Das Signal gilt nur für Schneepflüge mit beweglichen Pflugscharen.

Ne 12 – Ankündigungsbake

Eine rechteckige, orangefarbige Tafel mit zwei waagerechten weißen Streifen.

Überwachungssignal einer Rückfallweiche beachten

Der Triebfahrzeugführer hat zu prüfen, ob das Signal Ne 13 ein weißes Licht zeigt.

Ne 13 a

Ein weißes Licht über einem orangefarbenen waagerechten Streifen und einem orange-weiß schräg gestreiften Mastschild.

Die Rückfallweiche ist gegen die Spitze befahrbar

Wenn der Haltepunkt schwer erkennbar ist, wird er dem Triebfahrzeugführer durch das Signal Ne 6 angekündigt.

Dass das Signal Ne 7 in den beiden Varianten auf einem Pfahl vereinigt sein kann, steht so nicht in der Richtlinie, ist aber üblich. *Foto: Fährmann*

Ein Bü-Signal mit einem Orientierungszeichen befindet sich vor dem Bahnübergang km 14,4 zwischen Kremmen und Neuruppin. Die Zeichen kennzeichnen den Bahnübergang und die Zugeinwirkungsstelle für die automatische Hilfseinschaltung (Automatik-HET) von Bahnübergangssicherungsanlagen. *Foto: Krebs*

Das Überwachungssignal der Rückfallweiche wird angekündigt.

Ne 13 b

Ein orangefarbener waagerechter Streifen über einem orange-weiß schräg gestreiften Mastschild

Die Rückfallweiche ist gegen die Spitze nicht befahrbar, vor der Weiche halten

Die Rückfallweiche darf nur mit Schrittgeschwindigkeit befahren werden. Vorher ist an Ort und Stelle, gegebenenfalls nach dem Aufschließen der Einrichtungen und dem probeweisen Umstellen der Weichen von Hand festzustellen, ob die Weiche befahrbar ist.

Folgen auf die Signale Ne 13 a und Ne 13 b mehrere Rückfallweichen, die gegen die Spitze befahren werden, zeigt eine schwarze Ziffer ihre Zahl am Mastschild an.

Die Signale sind seit dem 12. Dezember 2010 im gesamten Netz der Deutschen Bahn gültig, vorher nur im »Geltungsbereich der DV 301«. Sie sind, weil sie von der Eisenbahn-Signalordnung abweichen, vom Eisenbahn-Bundesamt vorübergehend genehmigt worden.

Die Rückfallweiche ist eine besondere Weichenkonstruktion, die aufgefahren werden darf, also ein Fahrwegelement besitzt, zum Beispiel die Weichenzungen, das vom Fahrzeug von der Rückseite her gewaltsam umgestellt wird, ohne dieses zu beschädigen. Nach der Durchfahrt des Zuges oder Fahrzeugs wird die Weiche selbsttätig wieder in die Grundstellung gestellt und festgehalten. Diese Weichenart ist ein Rationalisierungsmittel für unbesetzte Bahnhöfe auf Nebenbahnen. Die Weichen brauchen nicht bedient zu werden, trotzdem sind Kreuzungen und Überholungen möglich.

Bei vorhandenen Anlagen sind auch andere abweichende Signalisierungen von Rückfallweichen möglich. Diese müssen örtlich bekanntgegeben werden.

Ne 14 – ETCS-Halt (ETCS-Stop-marker)

Ein gelber Pfeil mit weißem Rand auf einer blauen quadratischen Tafel. Es ist mit der eindeutigen Kennzeichnung der ETCS-Blockstelle versehen.

Halt für Züge in ETCS-Betriebsart SR

Das Signal gilt nur für Züge, die mit dem Zugbeeinflussungssystem ETCS (= European Train Control System) fahren. SR bedeutet »Staff Responsible«.

Das Überwachungssignal an der Rückfallweiche. Die Richtlinie 301 fordert heute einen orangefarbenen waagerechten Streifen unter dem weißen Licht. Bahnhof Weissach. Abweichungen sind örtlich möglich. *Foto: Krebs*

Es gebietet als alleinstehendes Signal Ne 14 Zügen die nicht in der ETCS-Betriebsart FS (Full Supervision) oder OS (on sight) verkehren, sowie Rangierfahrten und Kleinwagenfahrten Halt.

So 1 - Endtafel

Eine viereckige rote Tafel mit liegendem weißen Kreuz.

Fahren auf Sicht beenden

Das Signal wird nur bei der Gleichstrom-S-Bahn Berlin verwendet, gilt aber keineswegs nur für S-Bahn-Züge, sondern auch für andere Züge, welche die S-Bahn-Gleise mitbenutzen und beispielsweise diese verlassen. Die Tafel hebt den möglicherweise an einem durch ein rotes Mastschild an einem Lichthauptsignal erteilten Auftrag zum Fahren auf Sicht auf.

So 19 – Hauptsignalbaken

Drei aufeinander folgende hohe oder niedrige viereckige orangefarbene Tafeln mit einer, zwei oder drei weißen Kreisflächen, deren Anzahl in

Ende des Fahrens auf Sicht. Signal So 1

Gilt seit 5. Juni 2011 gibt es das Signal Ne 14 für den ETCS-Halt. Hier befindet es sich als zusätzliches Signal an einem Blocksignal im Gegengleis. *Foto: Krebs*

Hauptsignalbaken (Signal So 19) - hier in niedriger Ausführung - sollten dem Triebfahrzeugführer ursprünglich das permissive Fahren erleichtern. Die Hauptsignalbaken konnten im Abstand von 75 - 75 - 100 m das folgende Block- oder Einfahrsignal ankündigen und kamen vorzugsweise auf Strecken zum Einsatz, auf denen häufig mit unsichtigem Wetter zu rechnen war.

Die Kreuztafel kündigte einmal auf den Nebenbahnen das Hauptsignal an. Sie wird zunehmend durch die alleinstehende Vorsignaltafel ersetzt und stirbt deswegen aus.

Fahrtrichtung abnimmt. Die Abstände entsprechen denen der Vorsignalbaken (Ne 3).

Hauptsignalbaken wurden auf Strecken mit automatischem Streckenblock aufgestellt, hauptsächlich dort, wo sich die Lichtsignale auf Signalbrücken, also über dem Gleis, befanden. Die Baken künden Einfahr- und Blocksignale an.
Im Bereich der Gleichstrom-S-Bahn Berlin können sie zur Ankündigung von allen Hauptsignalen aufgestellt werden.

So 106 – Kreuztafel

Eine weiße Sechseckscheibe mit liegenden schwarzen Kreuz an einem schwarz und weiß gestreiften Pfahl.

Bei fehlendem Vorsignal wird angezeigt, dass ein Hauptsignal zu erwarten ist

Die Kreuztafel wird nur auf Nebenbahnen und im Abstand des für die Strecke bestimmten Bremsweges vor dem Hauptsignal aufgestellt. Wie die Hunderternummer erkennen lässt, handelt es sich um ein »aussterbendes Signal«, das durch die Vorsignaltafel (Ne 2) ersetzt wird.

Modul 301.1501, Abschnitte 1 - 11

Bedeutung:

Vor Bahnübergängen stehend, weisen die Signale an, wie der Triebfahrzeugführer auf die technische Sicherung des Bahnübergangs zu achten oder andere Verkehrsteilnehmer zu warnen hat.

Signalbild:

Tafeln mit und ohne Blink- bzw. Ruhelicht

Die Überwachungssignale (Bü 0/Bü 1) stehen bei den Eisenbahnen des Bundes in der Regel im Abstand des Bremsweges der Strecke vor dem Bahnübergang, bei Nichtbundeseigenen Eisenbahnen in der Regel in einem für das Bremsen ausreichenden Abstand. Ist bei den Eisenbahnen des Bundes der Abstand um um mehr als 5 Prozent kürzer als der Bremsweg der Strecke, wird dies am Überwachungssignal durch ein auf der Spitze stehendes weißes Dreieck mit schwarzem Rand gekennzeichnet.

Auch bei den Signalen für Bahnübergänge finden wir mannigfache Unterschiede zwischen den beiden Geltungsbereichen von DS 301 und DV 301. Im »Geltungsbereich der DV 301« betrifft das:

- den kürzere Abstand für Bü-Signale auf Nebenbahnen, bis auf weiteres zugelassen
- zwei Mastschilder nebeneinander, sofern das Überwachungssignal für mehrere Bahnübergänge gilt
- der Merkpfahl So 14
- die Warntafel So 15
- die Pfeiftafel vor Bahnübergängen, Signal Pf 2.

Im »Geltungsbereich der DS 301« bestehen folgende Besonderheiten:

- nur ein gelbes Licht am Signal Bü 0, bis auf weiteres zugelassen
- Blinklicht und das Mastschild ohne gelbe Umrandung
- ein weißes Zusatzlicht bei Überwachungssignalen im verkürzten Abstand, bei Wiederholern des Überwachungssignal eine runde weiße Scheibe auf weißem Grund am Mastschild
- die Merktafel Bü 3.

Unter der Vielzahl der Signale befindet sich hier das Bü 0 / Bü 1 in der Variante mit zwei gelben Lichtern unter dem weißen Licht, das allerdings erst für den nächsten, technisch gesicherten Bahnübergang gilt.

Bü 0

Eine runde gelbe Scheibe in einer gelben Umrahmung über einem schwarz-weiß schräg gestreiften Mastschild oder anstatt der Scheibe und der gelben Umrahmung zwei waagerecht angeordnete gelbe Lichter bzw. rückstrahlende Scheiben.

Halt vor dem Bahnübergang! Weiterfahrt nach Sicherung

Im »Geltungsbereich der DS 301« kann ein gelbes Licht über dem Mastschild erscheinen. Auf Strecken der Nichtbundeseigenen Eisenbahnen mit der zulässigen Geschwindigkeit bis 60 km/h kann das gelbe Licht entfallen.

Bü 1

Ein blinkendes weißes Licht über einer runden gelben Scheibe in einer gelben Umrahmung

Die Rautentafel (Bü 2), hier kombiniert mit dem Signal Ne 7, sieht anders aus als das Zs 103 (DV 301). Sie kündigt im Bereich der DS 301 ein Überwachungssignal an. *Foto: Fährmann*

3

Die Warntafel – So 15 (DV 301 kennzeichnet an der linken Strecke den Einschaltpunkt für eine zugbediente Bahnübergangssicherungsanlage und weist auf das folgende Überwachungssignal hin.

über einem schwarz-weiß schräg gestreiften Mastschild oder statt des Blinklichtes ein weißes Licht über zwei waagerecht angeordneten gelben Lichtern bzw. Scheiben.

Der Bahnübergang darf befahren werden

Die beiden Varianten (Stand- oder Blinklicht, ein gelbes Licht oder eine gelbe Scheibe) bzw. zwei gelbe Lichter oder ein gelbes Licht) gehen auf die Signale Bü 1 der Deutschen Bundesbahn und So 16 der Deutschen Reichsbahn zurück. Im Signalbuch erscheinen sie zusammengefasst und ohne Hinweis auf den Ursprung, da die Variante der ehemaligen Deutsche Reichsbahn inzwischen im gesamten Bundesgebiet zur Anwendung kommen kann.

Bü 2 – Rautentafel

Eine rechteckige schwarze Tafel, mit vier auf den Spitzen übereinander stehenden rückstrahlenden weißen Rauten.

Ein Überwachungssignal ist zu erwarten.

Das Signal kommt derzeitig nur im »Geltungsbereich der DS 301« zu Anwendung, da im »Geltungsbereich der DV 301« eine Verwechselung mit der etwas anders aussehenden Rautentafel,

Warntafel – So 15 – hier für für zwei Bahnübergänge geltend.

die als Signal Zs 103 am Hauptsignal angebracht ist, ausgeschlossen werden muss. Als Signal Bü 2 kennzeichnet sie den Beginn der Einschaltstrecke von Blinklichtern oder Lichtzeichen vom Überwachungssignal. Auf die Rautentafel können im Abstand wie bei den Vorsignalbaken weitere folgen, in der Regel der, bei denen die Anzahl der Rauten in Fahrtrichtung abnimmt.
Ist bei den Eisenbahnen des Bundes der Abstand zwischen Überwachungssignal und Bahnübergang um mehr als 5 Prozent kürzer als der Bremsweg der Strecke, wird über der Rautentafel ein auf der Spitze stehendes weißes Dreieck mit schwarzem Rand angebracht.

So 15 – Warntafel (DV 301)

Eine rechteckige, weiße Tafel mit drei waagerechten, schwarzen Streifen.

Überwachungssignal beachten

Die Warntafel steht statt der Rautentafel, wie die Signalbezeichnung So 15 besagt, nur im »Geltungsbereich der DV 301«. Gilt sie für mehrere Bahnübergänge, ist deren Anzahl als schwarze Zahl an der Stelle des oberen Streifens dargestellt. Am Standort des Signals hat der Triebfahrzeugführer zu prüfen, ob das Signal Bü 1 leuchtet. Das Signal kennzeichnet gleichzeitig den Einschaltpunkt von Blinklichtern, wenn das Signal So 14 nicht aufgestellt ist.
Das Signal steht mindestens doppelt soviel Meter vor dem Überwachungssignal, wie die dort zulässige Geschwindigkeit in km/h beträgt. Auf Nebenbahnen kann das Signal bis auf weiteres im Abstand des für die Strecke bestimmten Bremsweges zuzüglich doppelt soviel Meter, wie die Geschwindigkeit gemäß Verzeichnis der zulässigen Geschwindigkeiten in km/h beträgt, vor dem Bahnübergang aufgestellt sein.

Bü 3 – Merktafel

Eine schwarz-weiß waagerecht gestreifte Tafel.

Kennzeichnung des Einschaltpunktes von Blinklichtern oder Lichtzeichen mit Fernüberwachung

Zusätzlich zu diesem Signal können Ankünde- und Kennzeichentafeln aufgestellt sein.

Das Signal Bü 3 – Merktafel kennzeichnet im Bereich der DS 301 den Einschaltpunkt einer fernüberwachten Bahnübergangssicherungsanlage.

So 14 – Merkpfahl

Ein schwarz-weiß waagerecht gestreifter Pfahl.

Kennzeichnung des Einschaltpunktes von Blinklichtern

Ist die Schaltstrecke durch das Signal So 15 – Warntafel – begrenzt, ist kein Merkpfahl aufgestellt.

Bü-Ankünde- und Bü-Kennzeichentafeln

Eine schwarz umrandete gelbe Ankündetafel am Beginn der Einschaltstrecke weist auf die Lage des zugehörigen Bahnübergangs mit Blinklichtern oder Lichtzeichen hin. Unmittelbar vor diesem Bahnübergang steht dann eine weiße, rückstrahlende Kennzeichentafel.
Gehören mehrere Bahnübergänge zu einer Einschaltstrecke, wird über der Ankündetafel für den ersten Bahnübergang eine weiße Tafel mit schwarzer Aufschrift »Bü Bü« gesetzt. Die weiße

Hinter der DR-Hektometertafel (Bild Mitte) steht die Bahnübergangs-Kennzeichentafel.

Kennzeichentafel ist dann durch die gelbe Ankündetafel für den folgenden Bahnübergang ergänzt.

Bü 4 – Pfeiftafel

Eine rechteckige weiße Tafel mit schwarzem P oder eine rechteckige schwarze Tafel mit weißem Rand und weißem P.

Etwa 3 Sekunden lang pfeifen!

Vor Bahnübergängen werden in der Regel zwei Signale aufgestellt, vor Bahnübergängen, die nur für Fußgänger bestimmt sind, und vor solchen von Privatwegen ohne öffentlichen Verkehr steht nur ein Signal. Das Signal kann auch – mindestens 200 m - vor anderen Stellen stehen, wenn Personen gewarnt werden sollen, beispielsweise vor der Durchfahrt unter einer Brücke. Der früher obligatorische Tunnelpfiff, der Arbeitende im Tunnel warnen sollte, ist bereits am 1. September 1988 abgeschafft worden.

Wenn Züge zwischen der Pfeiftafel und dem Bahnübergang halten, wird die Pfeiftafel hinter dem Halteplatz des Zuges wiederholt. Über der vor dem Halteplatz stehenden Pfeiftafel ist dann eine rechteckige weiße Tafel mit zwei senkrechten schwarzen Streifen angebracht. Die Pfeiftafel gilt nur für Züge, die vor dem Bahnübergang nicht halten.

Pf 2 – Pfeiftafel vor Bahnübergängen

Zwei weiße Tafeln mit schwarzem P senkrecht übereinander.

Zweimal pfeifen!

Das Signal steht nur an Gleisen im »Geltungsbereich der DV 301«, es wird neu nicht mehr aufgestellt. Aufgestellt wird es fünfmal soviel Meter vor einem technisch nicht gesicherten Bahnübergang, wie die Geschwindigkeit im Verzeichnis der zulässigen Geschwindigkeiten beträgt, mindestens jedoch 100 Meter.

Wird für das Befahren des nicht technisch gesicherten Bahnübergangs die Geschwindigkeit durch ein Signal Lf 4 beschränkt, dann ist das Signal Pf 2 am Mast des Signals Lf 4 angebracht.
Das Signal kann auch vor einem durch zugbediente Halbschranken gesicherten Bahnübergang stehen, wenn auf zweigleisigen Strecken für das Befahren des Gleises entgegen der gewöhnlichen Fahrtrichtung keine Signale Bü 0 und Bü 1 aufgestellt worden sind. Das Signal Pf 2 steht dann mindestens 200 Meter, höchstens jedoch 350 Meter vor dem Bahnübergang und links vom Gleis.
Folgen die Bahnübergänge derart dicht aufeinander, dass das Signal Pf 2 bereits vor dem rückgelegenen Bahnübergang aufgestellt werden müsste, wird das Signal nicht aufgestellt, sondern am ersten Signal die Anzahl der Bahnübergänge auf einer weißen Tafel in schwarzer Schrift angezeigt.
Wenn Züge zwischen dem Signal Pf 2 und dem Bahnübergang planmäßig halten, gilt für die Signalisierung das für das Signal Bü 4 Entsprechende.
Für Schmalspurbahnen kann es Sonderregelungen geben.

Bü 5 – Läutetafel

Eine rechteckige weiße Tafel mit schwarzem L.

Es ist zu läuten

Von dem Signal an ist zu läuten, bis die Spitze des Zuges den Bahnübergang überquert hat. Es kann vor Bahnübergängen ohne allgemeinen Kraftfahrzeugverkehr stehen. Halten Züge zwischen dem Signal und dem Bahnübergang, wird die Läutetafel hinter dem Halteplatz wiederholt. Für das vor dem Halteplatz stehende Signal gilt für die Signalisierung das für das Signal Bü 4 Entsprechende.

Weißer Punkt: Die Bahnübergangs-Kennzeichentafel ist wiederholt aufgestellt.

Modul 301.9001, Abschnitte 1 - 15

Bedeutung:

Keine Signale nach der Eisenbahn-Signalordnung, kein Auftrag zum Handeln, sondern eine Hilfe insbesondere für die Triebfahrzeugführer zum Handeln in bestimmten Situationen.

Das Modul nennt und zeigt nicht sämtliche Orientierungszeichen des Eisenbahnbetriebs.

Signalbild:

Zeichen, Schild, Tafel oder Anzeiger

Hinweis für den Triebfahrzeugführer: Zugfunkkanal A 60 einschalten! *Entnommen: DS/DV 301*

Bild unten: Mitunter sieht man auf den Bahnhöfen Zeichen, die scheinbar ein Signal sind. Sie sind nicht einmal unter »Orientierungszeichen« der Richtlinie 301 aufgeführt, wie dieses, das die Fahrwegprüfbezirke zweier Stellwerke trennte.

Zugfunktafel

Sie weist darauf hin, welcher Zugfunkkanal einzustellen ist.

ICE-Zeichen

Das Zeichen gibt dem Triebfahrzeugführer an, dass das am Schluss des Zuges laufende Triebfahrzeug die Fahrleitungsschutzstrecke durchfahren hat. Notwendig wurde es wegen des angehobenen Stromabnehmers auch am Schluss des Zuges. Erst wenn der nicht mehr in der Schutzstrecke ist, darf der Hauptschalter wieder eingeschaltet werden.

Das Zeichen, am Oberleitungsmast angebracht, zeigt an, dass der ICE die Schutzstrecke vollständig durchfahren hat. Heute stillgelegte Strecke Wiesenburg (Mark)—Güterglück. *Foto: Krebs*

Kennzeichnung der Stelle zur Sicherung an Bahnübergängen

Die Tafel bezeichnet die Zugeinwirkungsstelle oder Bedienstelle, an der die Bahnübergangssicherungsanlage entweder automatisch oder von Hand eingeschaltet wird. Es gibt folgende Varianten:

- Automatik-HET (HET = Hilfseinschalttaste)
- HET
- Automatik-ET (ET = Einschalttaste)
- ET.

Fahrtanzeiger

Er dient der Unterrichtung der Zugaufsicht darüber, dass der Fahrdienstleiter der Abfahrt des Zuges zustimmt. Der Fahrtanzeiger ist ein von links nach rechts steigender Lichtstreifen bei Zustimmung in Blickrichtung bzw. drei von rechts nach links steigende Lichtpunkte oder ein senkrechter Lichtstreifen (bei Altanlagen) bei Zustimmung entgegen der Blickrichtung.

Der weiße Lichtstreifen rechts leuchtet auf, wenn der Fahrtdienstleiter der Abfahrt des Zuges von diesem Gleis zustimmt.

Hinweistafel auf Zp-9-Bedienstelle

Wo der Zugführer eine Schlüsseltaste bedient, um das Lichtsignal Zp 9 auszulösen, kann die Bedienstelle angezeigt sein.

Das grüne Symbol kennzeichnet die Tastenbedienstelle des Signals Zp 9.

LZB-Bereichskennzeichen

Es zeigt den Anfang einer Strecke mit Linienförmiger Zugbeeinflussung (LZB) und den Übergang zwischen zwei Bereichen von Linienleiterschleifen unterschiedlicher Bereichskennungen, auch Bereichskennungswechsel (BKW) genannt.

Blockkennzeichen

Sie befinden sich an Blockstellen der für anzeigegeführte Züge (LZB / ETCS), die nicht durch den Standort eines Hauptsignals oder ein Signal Ne 14 gekennzeichnet sind. Sie markieren die Stelle, an der ein anzeigegeführter Zug bei LZB-Halt / ETCS-Halt nach einer Betriebsbremsung zum Halten kommt. Für Züge, die punktförmig oder im Störungsfall überhaupt nicht beeinflusst werden, hat das Blockkennzeichen keine Bedeutung.

Hektometerzeichen

Dieses Zeichen, nach altem Sprachgebrauch auch Abteilungszeichen oder Kilometerstein genannt, gehört zur Streckenkilometrierung. Heute sind es in der Regel Tafeln. Die obere Zahl gibt den Kilometer, die untere den Hektometer an.

NBÜ-Kennzeichen

Das Hektometerzeichen ist am oberen und unteren Rand durch einen orangefarbenen waagerechten Streifen ergänzt. Diese Markierung zeigt dem Triebfahrzeugführer an, die Notbremsüberbrückung (NBÜ) zu bedienen, damit der Zug im anschließenden Bereich nicht zum Halten kommt, wenn von einem Reisenden die Notbremse bedient wird. Ein solcher Bereich ist meist ein Tunnel, in dem so das zwangsweise Halten von Zügen unterbunden werden kann.

Das Hektometerzeichen 17,8 gilt für die klassische Strecke. Für die Hochgeschwindigkeitsstrecke wurde der Kilometerstand um 2 erhöht, um Verwechslungen zu entgehen. Das Hektometerzeichen 19,8 ist mit orangefarbenen Streifen markiert, weil die Gleise in den Tunnel führen und der Triebfahrzeugführer gehalten ist, die Notbremse zu überbrücken. *Foto: Emersleben*

An diesen Tafeln beginnt eine Strecke mit Linienzugbeeinflussung bzw. der Linienleiterschleifenbereich wechselt nach maximal 12,7 km.

Bezeichnungstafel für Tunnel

Die Tafel zeigt die örtliche Bezeichnung ohne »Tunnel«, das Tunnelsymbol und die Längenangabe in Metern.

Vor jedem Tunnel steht das Schild mit Angaben von dessen Namen und Länge. *Foto: Emersleben*

Gilt nur für anzeigegeführte Züge (LZB und ETCS): die virtuelle Blockstelle mit dem Blockkennzeichen.

Unbesetzte Fernsprechstelle

Sie sind auf einer weißen Tafel durch den schwarzen Buchstaben F gekennzeichnet, gegebenenfalls zusätzlich mit dem Symbol eines Hörers, bis auf weiteres auch mit Fo, F-Sig oder Signalfernsprecher.
Seit 2007 werden die Fernsprecher infolge der Einführung des GSM-R-Zugfunks (GSM-R = Global Standard for Mobile Communications-Rail) abgebaut und »damit sind auch die Orientierungszeichen (Richtungspfeile), die auf der freien Strecke auf Fernsprecher hinwiesen, an GSM-R-versorgten Strecken hinfällig und nicht mehr zu beachten.« [3]

Die unbesetzte Fernsprechbude mit dem Hinweis auf die Ortsverbindung (Fo).

Pfeil für Hinweis auf die nächste Sprechstelle

Auf der freien Strecke weist der Pfeil auf die nächste Sprechstelle hin. Er stirbt aus, weil immer mehr Fernsprecher durch das digitale Bahnfernsprechnetz Global Standard for Mobile Communications-Rail (GSM-R) ersetzt werden.

Kennzeichnung von Beginn und Ende einer offenen Streckentrennung der Fahrleitung in Halle (Saale) Hbf.

Fotos: Emersleben

1 Bedeutung	2 Darstellung
Grundstellung	
nur mit Zustimmung des Wärters umstellen	
keine Grundstellung erforderlich	
Rückfallweichen	
Weichen ohne Spitzenverschluss	

Kennzeichnung der Hebelgewichte an mechanisch ortsgestellten Weichen entnommen Ril 301

Schild »Elektrische Streckentrennung«

Die an zwei Oberleitungsmasten angebrachten Schilder innerhalb der offenen Streckentrennung einer Speisebezirksgrenze zeigen an, dass zwischen ihnen mit gehobenem Stromabnehmer nicht angehalten werden darf.

Beginn Ortsstellbereich

Die weiße rechteckige Tafel mit der Aufschrift »OB« kennzeichnet den Übergang von einen Stellwerks- und einen Ortsstellbereich.

PZB

Dieses Orientierungszeichen kennzeichnet die Lage von 2000 Hz-Gleismagneten vor einem Bahnübergang (»PZB BÜ) bzw. an einem Standort, der sich nicht an einem Hauptsignal befindet (»PZB 2000 Hz«).

Zuglänge

Das rechteckige weiße Schild mit einer Längenangabe kann an Bahnsteigen ohne Haltetafel (Ne 5) den verkehrlich günstigsten Halteplatz eines Zuges kennzeichnen.

Kennzeichnung der Hebelgewichte ortsgestellter Weichen

Das Hebelgewicht trägt in der Regel einen schwarz-weißen Anstrich. In der Grundstellung ist der schwarze Teil des Hebelgewichts dem Erdboden zugekehrt. Mit einem W gekennzeichnete Hebelgewichte dürfen nur mit Zustimmung des Wärters umgestellt werden.

Wird der Weiche keine Grundstellung zugeordnet, erhält das Hebelgewicht eine gelbe Farbe, das von Rückfallweichen (siehe auch Ausführungen zum Signal Ne 13) einen gelb-schwarzen Anstrich.

Ortsgestellte Weichen ohne Spitzenverschluss sind durch einen roten Eckanstrich am Hebelgewicht markiert. Der Spitzenverschluss, auch Zungenverschluss genannt, sichert die Endlage einer Weiche nach dem Umstellprozess.

GSM-R Funknetztafel

Diese Tafel kennzeichnet die Stelle, an der das nationale GSM-R-Funknetz beginnt.

Signalhaltmelder

Der Signalhaltmelder zeigt an Schnittstellen Zugleitbetrieb / ESTW dem Zugpersonal an, dass das zugehörige Einfahrsignal aus der einmündenden Zugleitstrecke Halt zeigt sowie Ersatz- bzw. Vorsichtsignal erloschen sind. Die Information wird für die Abgabe der Ankunftmeldung an den Zugleiter benötigt.

Signalhaltmelder im Bahnhof Bad Schandau

Foto: Krebs

Die Signale gelten in der Regel nur für eine Strecke oder ein Eisenbahninfrastrukturunternehmen. Dort sind sie in den Sammlungen betrieblicher Vorschriften der jeweiligen NE bekanntgegeben. Die genannten Signale stellen Beispiele dar und erheben keinen Anspruch auf Vollständigkeit.
Signalbild:
Zeichen, Schild, Tafel oder Anzeiger

Übergang Eisenbahn <-> Straßenbahn

In Bad Wildbad, Chemnitz, Heilbronn, Karlsruhe / Wörth, Kassel / Baunatal / Oberkaufungen / Hessisch Lichtenau, Köln / Bonn, Mannheim / Ludwigshafen / Heidelberg, Nordhausen, Saarbrücken, Zwickau u. a. gibt es Schnittstellen zwischen dem System Eisenbahn und dem System Straßenbahn, bei dem Fahrzeuge von einem System ins andere System im Regelbetrieb übergehen. Dieser Wechsel muss den Triebfahrzeugpersonalen signalisiert werden. In der Regel orientieren sich die Infrastrukturunternehmen dabei an den Signalbüchern der Straßenbahnbetriebe.

Wechsel der Betriebsordnung

Eine rechteckige schwarz umrandete weiße Tafel, welche durch eine horizontale schwarze Linie in zwei Felder unterteilt wird. In einem Feld wird die endende Betriebsordnung durch einen nach rechts aufsteigenden roten oder schwarzen Streifen durchgestrichen dargestellt. Das andere Feld kennzeichnet die beginnende Betriebsordnung. Dieses Orientierungszeichen kann rechts oder links vom Gleis aufgestellt sein.

Der Weichenlage- und Ordnungsmelder zeigt blaues Licht. Der Achszählkreis der Weiche ist belegt oder gestört. Weiche ist nicht stellbar! Da sie sich aber geradeaus in der Endlage befindet kann sie auch geradeaus befahren werden. Wesseling bei Köln *Foto: Krebs*

Wechsel des Betriebsverfahrens bei der HLB Basis AG von BOStrab (Straßenbahn) auf EBO (Eisenbahn) in Baunatal bei Kassel. Da vorher im »Straßenbahnbereich« auch schon Hauptsignale der Eisenbahnbauart zu finden sind, wird gleichzeitig das Ende der Straßenbahnstrecke mit Zugsicherung signalisiert. *Foto: Krebs*

Lichtsignal für die aufgelegte Gleissperre im Bahnhof Neukirchen-Klaffenach des Eisenbahninfrastrukturbetreibers Regio Infra Service Sachsen GmbH. Foto: Krebs

Es kennzeichnet den Wechsel der angeschriebenen Betriebsordnung.
Zusätzlich kann es durch die Sondersignale So 1 und So 2 nach BOStrab ergänzt werden.

Sondersignal So 1 nach BOStrab

Eine quadratische weiße Tafel mit zwei schwarzen Punkten untereinander.

Beginn einer Strecke mit Zugsicherung.

Übergang vom Fahren auf Sicht zum Fahren auf Zugsicherung

Sondersignal So 2 nach BOStrab

Eine quadratische weiße Tafel mit zwei schwarzen Punkten untereinander und einem nach rechts steigenden roten Diagonalstreifen.

Ende einer Strecke mit Zugsicherung.

Übergang vom Fahren auf Zugsicherung zum Fahren auf Sicht

Mehrere NE-Bahnen

Weichensignale

Ein Weichenlichtsignal kann blaues Licht zeigen, wenn die Weiche elektrisch verschlossen ist

Gleissperrensignal als Lichtsignal

Das Signal befindet sich an elektrisch orts- oder fernbedienten Gleissperren. In der Praxis gibt es zwei Varianten. Eine aufgelegte Gleissperre wird in beiden Fällen durch ein rotes Licht im Gleissperrensignal angezeigt. Ist die Gleissperre abgelegt wird entweder ein weißes Licht oder zwei weiße Lichter senkrecht übereinander am Gleissperrensignal gezeigt.

Zusätzliche Signale der Württembergischen Eisenbahn-Gesellschaft (Beispiele)

Zusatztafel »D«

Gilt für an der folgenden Betriebsstelle durchfahrende Züge.

Eine gelbe, quadratische Tafel mit schwarzem Rand und mittig angeordnetem »D« .

Diese Zusatztafel kann oberhalb vom Lf 6 bzw. Lf 7 angeordnet sein, wenn an dem folgenden Haltepunkt durchgefahren werden kann, die Einschaltstrecke des folgenden Bahnübergangs jedoch einen Halt vorsieht.

Zusatztafel »U«

Gilt für an der folgenden Betriebsstelle endende Züge bzw. Züge mit längerem Aufenthalt .

Eine gelbe, quadratische Tafel mit schwarzem Rand und mittig angeordnetem »U« .

Die Zusatztafel kennzeichnet die Lage eines regelmäßig zu bedienenden Unwirksamkeitskontaktes / -schalters, wenn zwischen der Zusatztafel und der im Bereich der nächsten Einschaltstrecke eine Fahrt enden soll.

Zusätzliche Signale der Verkehrsbetriebe Peine-Salzgitter, VPS Infrastruktur GmbH (Beispiele)

Mastschilder

Lichtsperrsignale im Bereich von ortsbedienten oder selbsttätig arbeitenden Signalsystemen können mit weiß-gelb-weißen Mastschildern gekennzeichnet sein.

Dort dürfen Züge und Rangierfahrten am erloschenen oder gestörten Signal ohne Zustimmung des zuständigen Stellwerkes vorbeifahren, wenn eine Verständigung nicht möglich ist. Die Weiterfahrt erfolgt dann auf Sicht.

Die Zusatztafel »D« über dem Lf 6 gab auf der Strohgäubahn einen Hinweis für den folgenden Haltepunkt und Bahnübergang. *Foto: Krebs*

Bremsmerkpfahl nach der SbV der VPS Infrastruktur GmbH

Der Zustandsmelder für einen Gleismagnet zeigt dem Triebfahrzeugführer im Zugleitbetrieb an, ob der 2000-Hz-Magnet - hier in Bad Wildungen - trotz mündlich erteilter Fahrerlaubnis wirksam oder unwirksam ist.
Foto: Krebs

Pfeiftafel mit Wiederholungspunkten

Wenn vor einem Bahnübergang ein Signal Bü 4 aufgestellt ist, an dessen Mast unter der Pfeiftafel ein Zusatzschild mit zwei schwarzen Punkten auf weißem Grund oder zwei weißen Punkten auf schwarzem Grund angebracht ist, muss der Triebfahrzeugführer das Pfeifen etwa in der Mitte zwischen Pfeiftafel und Bahnübergang wiederholen.

Bremsmerkpfahl

Bahnübergänge, dessen Überwachungssignale nicht im ausreichenden Bremswegabstand vor dem Bü stehen, werden mit Bremsmerkpfählen gekennzeichnet.
Zeigt das Überwachungssignal nach dem Einschalten des Bü nicht das Signal Bü 1, so hat der Triebfahrzeugführer in Höhe des Bremsmerkpfahls die Bremsung einzuleiten, um noch rechtzeitig vor dem Bü zum Stehen zu kommen. Der Bremsmerkpfahl ist schwarz-orangeschwarz waagerecht gestreift.

Grundstellung bei EOW bzw. EOG

Die Grundstellung eines elektrisch ortsbedienten Weichen oder Gleissperren wird durch einen weißen Balken oder Pfeil auf dem Weichensignal gekennzeichnet. Bei Handweichen mit Weichenlichtsignal kann die Grundstellung auch durch ein halbseitig weißes Weichenlichtsignal gekennzeichnet sein.

DB InfoGO und NE-Bahnen

Zustandsmelder für Gleismagnet

Im technisch unterstützten Zugleitbetrieb sind die Haltetafeln (Ne 5) zusätzlich mit 2000-Hz-Gleismagneten als Fahrsperren ausgestattet.
Nach Erteilen einer Fahrerlaubnis durch den Zugleiter werden die Fahrsperren unwirksam geschaltet, der PZB-Magnet wird unwirksam. Es erscheint ein blaues Blinklicht.
Ist die Fahrsperre wirksam, ist auch der PZB-Magnet wirksam. Am Zustandsmelder wird ein blaues Dauerlicht gezeigt.

Der Zustandsmelder für einen Gleismagnet wird teilweise auch „Blaumelder“ genannt. Unmittelbar davor befindet sich eine Bedieneinrichtung, mit der der Zugführer im Zugleitbetrieb seinen benötigten Fahrweg einstellen und sichern kann. In der Abbildung besteht in diesem Gleis die Wahl zwischen Neustadt (Sachs) und Dolní Poustevna (hier eingestellt und gesichert) in Tschechien. *Foto: Krebs*

Im Signalbuch DV 301 sind sie seit 1971 nicht mehr zu finden, bei Museumsbahnen, die über Fahrzeuge mit Läutewerk verfügen aber teilweise noch in der Anwemdung: Durchläutebeginntafel (ex Pl 3) hier in Verbindung mit der Geschwindigkeitstafel Lf 4 und Durchläuteendtafel (ex Pl 4). *Fotos: Krebs*

Das Ne 14 ersetzt das Einfahrsignal 67A des Betriebsbahnhofs Jüdendorf an der Neubaustrecke zwischen Erfurt und Halle / Leipzig. Dort verkehren nur anzeigegeführte Züge (ETCS), so dass auf konventionelle Haupt-, Vor- und Sperrsignale verzichtet werden kann. *Foto: Krebs*

Das Signalbuch beinhaltet außer dem Signal Ne 14 (siehe Nebensignale) keine speziellen Signale zur Zugsicherung im ETCS. Das in Deutschland auf Neubaustrecken angewandte Level 2oS kommt in der praktischen Anwendung ohne ortsfeste Signale aus. Die Aufträge werden dem Triebfahrzeugführer elektronisch auf sein Display im Führerstand übermittelt.

Der zukünftige Bahnverkehr soll elektronisch und digital funktionieren. Im Bereich der Neubaustrecke Bamberg—Erfurt—Halle / Leipzig gab es bei der Zugsicherung erstmals bahnbrechende Neuerungen. Neben der Komplettausstattung mit elektronischen Stellwerken (ESTW) gibt es auf dieser Strecke erstmals keine Haupt-, Vor- und Sperrsignale zur Sicherung der Zugfahrten. Diese erfolgt mit dem digitalen System ETCS nach europäischem Standard. Das Zusammenspiel von ESTW und ETCS bedeutet ein Höchstmaß an Sicherheit und die Möglichkeit, im Hochgeschwindigkeitsverkehr mehr Züge auf einer Strecke fahren zu lassen.

Die Einführung des ETCS soll nicht nur die Zugsteuerung und -sicherung zusammenfassen und intelligenter machen, sondern auch

- die Kosten für Instandhaltung und Betrieb von ortsfesten Anlagen (z. B. Signalen) sparen,
- im europäischen Rahmen die Vielzahl na-

Ne 14 am Blocksignal. Bei anzeigegeführten Fahrten wird das Hauptsignal dunkel geschaltet. *Foto: Krebs*

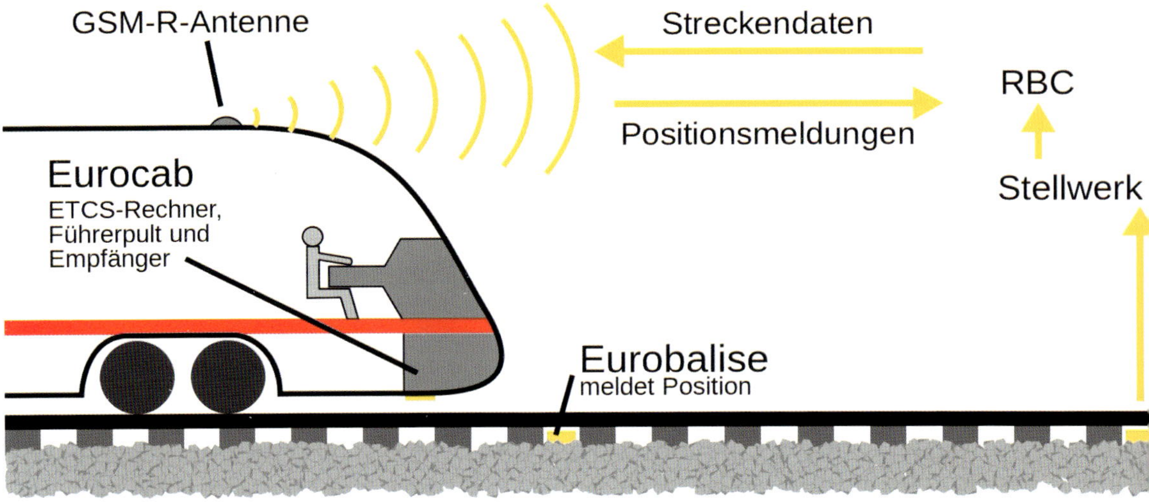

Funktioneller Überblick über ETCS-Level 2. *Entnommen Unterlage von DB Training*

tionaler Zugsicherungssysteme ablösen und damit zur Interoperabilität der europäischen Streckennetze führen,
- die Streckenkapazität und die Streckengeschwindigkeit steigern.

Dabei fasst ETCS die bisherige Sicherung und Steuerung der Züge zusammen indem es folgendes überwacht:
- örtliche Höchstgeschwindigkeit,
- Höchstgeschwindigkeit des Zuges,
- korrekte Fahrtstrecke des Zuges,
- Fahrtrichtung,
- Eignung des Zuges für die Strecke und
- Einhaltung besonderer Betriebsvorschriften.

ECTS besteht aus vier wesentlichen Hauptkomponenten:
- Eurobalisen sind punktuelle Datenübertragungseinrichtungen im Gleis, die beim Überfahren durch den Zug nach dem Transponder-Prinzip Daten übertragen.
- Eurocab ist eine einheitliche Ausrüstung für Fahrzeuge, deren Elemente über einen Bus mit dem sicheren Fahrzeugrechner EVC (European Vital Computer) verbunden sind.
- Euroloop ist ein kabelbasiertes Datenübertragungssystem, vergleichbar mit der Linienzugbeeinflussung.
- Über Euroradio können der ETCS-Rechner und die Leitstelle über GSM-R miteinander kommunizieren.

Im einheitlichen europäischen ETCS gibt es verschiedene Anwendungsstufen, auch Level genannt.

ETCS–Level 1 LS (Limited Supervision = signalgeführt)

Das ETCS-Level 1 LS besitzt eine ähnliche Ausprägung wie die punktförmige Zugbeeinflussung PZB in Deutschland. Dabei arbeitet Level 1 noch mit konventionellen Signalsystemen zusammen. Der Triebfahrzeugführer muss die Außensignale beachten, so dass der Zug signalgeführt fährt. Dabei überwacht das Fahrzeuggerät kontinuierlich die Geschwindigkeit. Die benötigten Informationen für die Fahrerlaubnis werden nicht vom Stellwerk, sondern von den Außenanlagen, z. B. den Signalen in eine Lineside Electronic Unit eingespeist und über Balisen an das ETCS-Fahrzeuggerät übergeben. Dieses Level ist nur für Geschwindigkeiten bis 160 km/h zugelassen.

ETCS–Level 2

Entsprechend einer Strategie der DB InfraGO AG sollen die deutschen Strecken mit ETCS-Level 2 ausgerüstet werden. Voraussetzung dafür ist, dass die Stellwerke für die Anbindung eines Radio Block Center (RBC) geeignet sind. Geschwindigkeiten über 160 km/h erfordern grundsätzlich eine Ausrüstung mit ETCS-Level 2.

Beim ETCS-Level 2 findet ein kontinuierlicher Datenaustausch zwischen Fahrzeug und Strecke über das digitale Mobilfunknetz GSM-R (Global System for Mobile Communications - Railway). Dieses Mobilfunknetz dient ausschließlich dem Eisenbahnverkehr.

Im ETCS-Level 2 sind die Balisen nicht schaltbar und dienen neben Radimpulsgebern und Dopplerradar hauptsächlich der Ermittlung des genauen Standortes des Zuges. Die Geschwindigkeit des Zuges und der Endpunkt der erteilten Fahrterlaubnis werden kontinuierlich überwacht.

Die Sicherung des Fahrweges erfolgt durch das Stellwerk.

ETCS-Level 2 lässt Geschwindigkeiten über 160 km/h zu und ist mit der heutigen Linienzugbeeinflussung weitgehend vergleichbar. Triebfahrzeugführer müssen die Führerstandanzeigen beachten, auf denen alle relevanten Daten angezeigt werden.

Der ständige Austausch über GSM-R und die ununterbrochene Verarbeitung der Informationen über Strecke, Fahrweg und vorgegebene Geschwindigkeit des Zuges führt zu einer lückenlosen und sicheren Zugbeeinflussung. Da die Fahrten anzeigegeführt stattfinden kann so auf Haupt-, Vor- und Sperrsignale an der Strecke verzichtet werden. Dieses spezielle Level wird als ETCS-Level 2 ohne Signale, kurz ETCS L2oS, bezeichnet und ist seit der Inbetriebnahme der Neubaustrecke Erfurt—Leipzig/Halle im Dezember 2015 erstmals in Deutschland durchgehend im Einsatz.

ETCS–Level 3

Das ETCS-Level 3 funktioniert ähnlich wie Level 2. Auf die streckenseitige Gleisfreimeldung kann verzichtet werden. Hier übernimmt das RBC zusätzlich die Funktion der Gleisfreimeldung. Dabei wird die Vollständigkeit des Zuges durch die ETCS-Fahrzeugeinrichtung überwacht werden. In diesem Level ist auch ein »Moving Block« möglich, wobei die Einteilung der Strecke in feste Blockabstände entfällt.

Auch in diesem Level wird anzeigegeführt gefahren, wobei ebenfalls Geschwindigkeiten über 160 km/h möglich sind.

Auf deutschen Strecken ist eine Ausrüstung mit ETCS-Level 3 derzeitig noch nicht vorgesehen.

ETCS–Level 0

ETCS-Level 0 bildet eine Rückfallebene. Das Fahrzeug fällt automatisch in Level 0 zurück bzw. der Triebfahrzeugführer wählt Level 0, wenn eine Zugbeeinflussung angetroffen wird, die das führende Fahrzeug nicht beherrscht oder die Zugbeeinflussung auf der Strecke fehlt. Damit kann nur mit der zulässigen Höchstgeschwindigkeit für das Fahren ohne Zugbeeinflussung gefahren werden. Diese beträgt in Deutschland 50 km/h und wird vom ETCS-Fahrzeuggerät technisch überwacht, wenn sie vorher über eine Balise an das Fahrzeuggerät übertragen wurde.

ETCS-Betriebsarten

Die ETCS-Betriebsart eines Triebfahrzeugs beschreibt den aktuellen Betriebszustand des EVC und wird im Display auf dem Führerstand angezeigt. Dabei bedeuten beispielsweise:

- FS - Full Supervision: Der Zug wird voll vom ETCS überwacht. Voraussetzung für diesen Modus ist eine gültige Fahrterlaubnis
- SR – Staff Responsible: Der Triebfahrzeugführer ist für die Fahrwegbeobachtung selbst verantwortlich. Dabei muss in Deutschland auf Sicht gefahren werden. Der Modus wird verwendet, wenn von der Strecke keine Fahrterlaubnis gegeben werden kann. Dazu zählen z. B. Störungen der Gleisfreimeldung.
- OS - On Sight: Der Triebfahrzeugführer fährt auf Sicht, obwohl der Zug von ETCS überwacht wird. Ein möglicher Anwendungsfall ist z. B. eine Einfahrt in ein besetztes Gleis, wenn nicht sichergestellt werden kann, dass der Gleisabschnitt frei ist.
- SH – Shunting: Rangiermodus

Insgesamt sind 19 Betriebsarten möglich.

Ein Exkurs durch die Signal-Geschichte seit 1920

Zwei Ereignisse in der Eisenbahngeschichte nach dem Ersten Weltkrieg waren eine Zäsur für das Signalwesen: die Gründung der Deutschen Reichsbahn am 1. April 1920 und die Gründung der Deutschen Bahn am 1. Januar 1994. Im ersten Fall galt es die unterschiedlichen Formen und Bedeutungen der Signale der Länderbahnen anzugleichen und in einem Signalbuch darzustellen, im anderen Fall ebenso die Signale und ihre Bedeutung zu »harmonisieren«, wie man diesen bereits 1990 einsetzenden Vorgang bezeichnete. Dabei ist zu beachten, dass die Druckschrift 301 der Deutschen Bundesbahn die vom Bundesminister für Verkehr erlassenen Bestimmungen der Eisenbahn-Signalordnung sowie deren Ausführungsbestimmungen enthielt. »Demgegenüber enthält die Dienstvorschrift 301 rein betriebsinterne Bestimmungen für den Geltungsbereich der ehemaligen Deutschen Reichsbahn.« [11]
In den folgenden Ausführungen wird nicht auf die Bezüge zu den gesetzlichen Vorschriften, wie die Eisenbahn-Signalordnung, und andere verwaltungsinterne Bedingungen, wie die Zuständigkeit der Regionalabteilungen bei der Deutschen Bundesbahn, oder auf die subjektiven Probleme bei der Harmonisierung eingegangen. Das Signalbuch ist, ob nun gesetzlich oder »rein betriebsintern«, eine Grundlage im praktischen Eisenbahnbetriebsdienst und gleichfalls in diesem Durchlauf durch die Geschichte des Eisenbahnsignalwesens.
Sogleich ist anzumerken, dass ihm entnommen werden kann, wann ein neues Signal eingeführt oder ein Signal abgeschafft wurde. Tatsächlich wurde und wird der Zeitpunkt für die Einführung und das Ende eines Signals von internen Weisungen bestimmt. Das Signalwesen ändert sich entsprechend dem Stand der Technik und der Organisation des Eisenbahnwesens dynamisch; bis zur Herausgabe einer Aktualisierung / Berichtigung oder eines neuen Signalbuches kann und wird mit der Einführung eines Signals nicht gewartet. Das Signalbuch eilt diesen Veränderungen stets nur hinterher.
Nach dem Übergang der sieben Länderbahnen auf das Reich im Jahr 1920 dauerte es immerhin 66 Jahre bis das letzte Länderbahnsignal getilgt war. Auch nach der Wiederherstellung der staatlichen Einheit Deutschlands gibt es 34 Jahre später noch immer Unterschiede in den Signalsystemen der Deutschen Bahn zwischen »West« und »Ost«. Signalumstellungen benötigen in der Regel einen längeren Zeitraum. In der Geschichte sind aber auch zwei Daten bekannt, an denen netzweit innerhalb weniger Stunden umgestellt wurde. Dabei handelte es sich um die Veränderung der Nachtzeichen und Lichtsignalbilder am Hauptsignal Hp 2, am dreibegriffigen Vorsignal Vz 3, an Sv-Signalen und den Wegfall des Hp 3. Nach längerer Vorbereitungszeit geschah das am 1. Dezember 1948 bei der Deutschen Reichsbahn (West) und am 24. April 1953 bei der Deutschen Reichsbahn (in der DDR).
Das aktuelle Signalbuch zeichnet sich durch eine anwenderfreundliche Gestaltung aus. Andererseits steckt der Teufel im Detail. Was wie eine überschaubare Regelung erscheint, kann nach Unregelmäßigkeiten, gar Unfällen zu einer komplizierten Diskussion über das korrekte Verhalten der Beteiligten führen.
Der folgende Abriss der Geschichte des Signalwesens nach 1920 ist eine Chronologie ohne zu beanspruchen, vollständig zu sein und jedes Detail, schon gar nicht die Bauvorschriften erfasst zu haben. Der Abriss soll dem Leser lediglich einen Überblick verschaffen.

1922
In Bayern wird am Vorsignal das weiße Licht für »Fahrt« und »Fahrt erwarten« durch ein grünes Licht ersetzt.

1923
Wegen der Petroleumknappheit wird für Doppelte Kreuzungsweichen ein einheitliches Signal eingeführt, das sächsische System Cauer/AEG.

1925
Auf der Strecke Hirschberg – Königszelt wird das erste Lichtsignal (bis 1950 Lichttagessignal genannt) in Betrieb genommen.
Die Deutschen Reichsbahn führt Vorsignalbaken ein.

1927

Die ersten Wartezeichen in den Reichsbahndirektionen Elberfeld, Essen und Köln, vorher bereits in der Reichsbahndirektion Berlin.

Ende der 20er Jahre wird in Berlin das Ad-Signal, das heutige Ersatzsignal, erprobt, um sich das Ausfertigen des Befehls Ad zu ersparen, wenn am Halt zeigenden Signal vorbeigefahren werden soll. Es durfte nur an Einfahrsignalen zur Anwendung kommen.

1928

Mit der Elektrifizierung der Berliner S-Bahn werden im Juni die Signalverbindungen, Sv-Signale, Haupt- und Vorsignal auf einem Signalschirm, eingeführt. Das selbsttätige zugbediente System mit diesen Signalen ersetzt die Zugsicherung mit handbedienten Formsignalen.

1929

Die Ausrüstung der Strecken mit Ausfahrvorsignalen beginnt.

1930

Die Deutschen Reichsbahn geht bei den Hauptsignalen vom Prinzip der Wege- zur Geschwindigkeitssignalisierung über. Das Signal Hp 3 verliert seine ursprüngliche inhaltliche Bedeutung, wird aber erst 1948 / 1953 abgeschafft.

1932

Das Dreibild-Vorsignal, also die Ausrüstung mit dem Zusatzflügel, beginnt.

1935

Am 1. April tritt das neue Signalbuch in Kraft, das einheitlich im gesamten Netz der Deutschen Reichsbahn gilt. [9] Erstmals erscheinen im Signalbuch das Vorsignal mit Zusatzflügel, die Hauptsignalbaken (später als Schachbretttafel bezeichnet) [16], die Fahrtregelungssignale K- und L-Scheibe, das Vorrücksignal (Ve), die Zusatzsignale für den elektrischen Betrieb mit Fahrleitung und das Wartezeichen sowie die Abdrücksignale als Lichtsignale.

Zur Haltscheibe kam eine Haltvorscheibe.

Das Ad-Signal wird Ersatzsignal genannt und ist in allen Reichsbahndirektionsbezirken, aber nur an Einfahrsignalen, erlaubt.

Weggefallen ist das Signal 19 an Zügen »Die Telegraphen- und Fernsprechleitung ist zu untersuchen«, das Falschfahrt-Schlusssignal wurde verändert von der Oberwagenlaterne auf die nach hinten gelbe Scheibe bzw. Laterne; das Gegenzug-Signal und das Nachfolge-Signal gilt nur bei Zügen bis zu einer Höchstgeschwindigkeit von 85 km/h. Bei schnelleren Zügen wird es nicht erkannt. Letztgenannte kamen ab Dezember 1939 nicht mehr zur Anwendung.

1938

Das Reichsverkehrsministerium erlaubt, dass an Lichtsignalen auf Rücklichter verzichtet werden kann.

An den Hauptsignalen können Richtungs- und Geschwindigkeitsanzeiger angebracht werden.

1940

Zu wesentlichen Änderungen des Signalbuchs kommt es durch das 2. Berichtigungsblatt, das vom 1. Oktober an gültig ist.

Dazu gehören:

1. der Wegfall des Falschfahrschlusssignals, des Signal »Es folgt ein Sonderzug nach«, »Es kommt ein Sonderzug aus der entgegen gesetzten Richtung«.
2. die Einführung der Zwischensignale als eine Kategorie der Hauptsignale,
3. die Möglichkeit, den Zusatzflügel über der gelben Scheibe vorzusehen, wenn das Vorsignal an einer Signalbrücke oder einem -ausleger hängt,
4. Teilfahrten werden nun Sperrfahrten genannt,
5. der Wegfall der Signale Hp 0, Hp 1 und Hp 2 bayerischer Bauart, der Signale Sh 101, Ts 102, Zug 103, Zg 104, Lt 204.

1944

Die ersten Licht-Sperrsignale sind zu sehen und von 1953 an bei beiden deutschen Bahnen auch als Zwergsignal.

1948

Die Deutschen Reichsbahn (West) erlaubt das Ersatzsignal auch für Ausfahr- und Blocksignale.

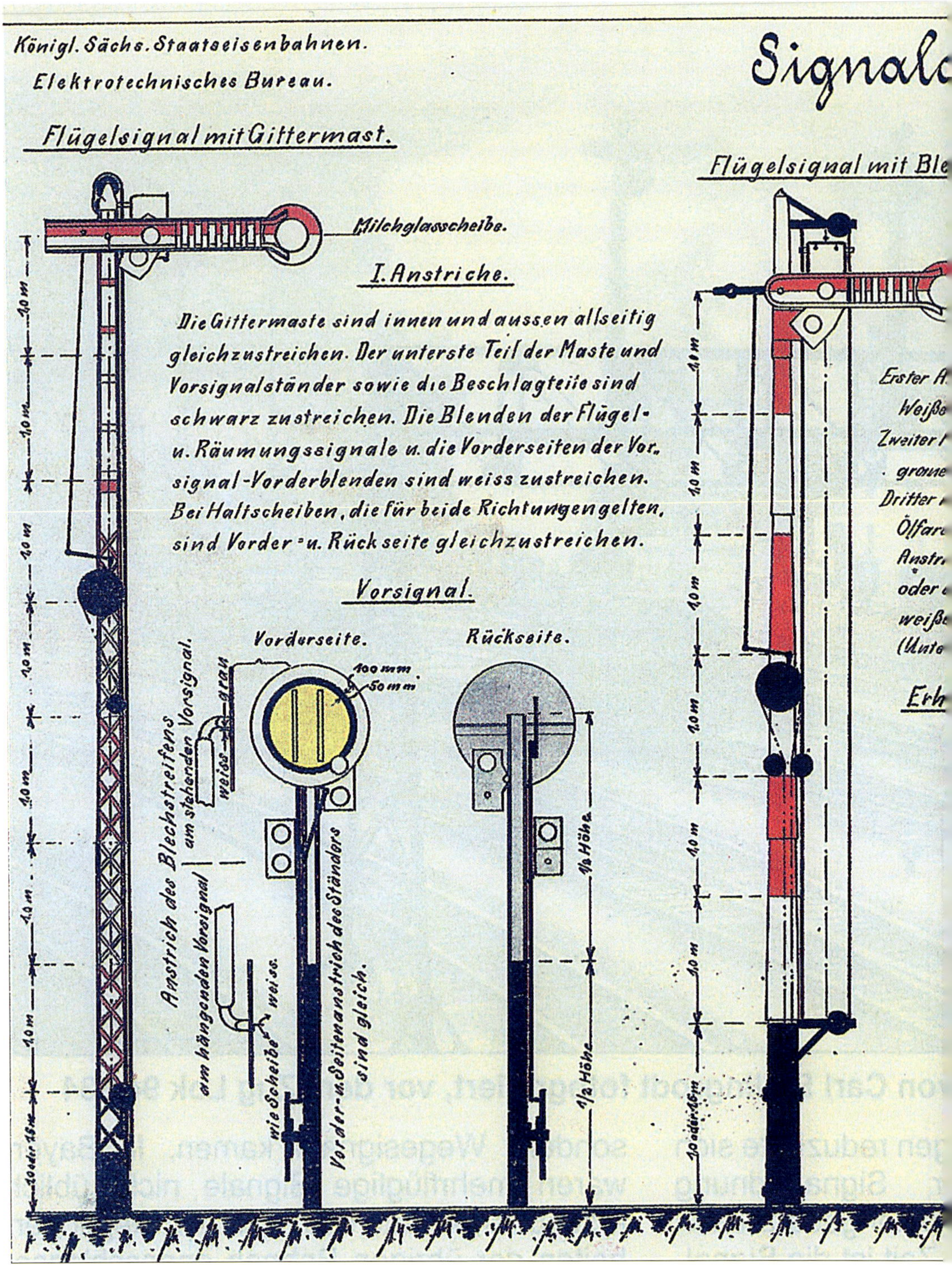

Die Deutschen Reichsbahn übernahm einiges vom vorbildlichen Signalwesen der Königlich Sächsischen Staatseisenbahnen. Die vom Rangierdienst zu beachtenden Räumungssignale waren bis nach 1960 noch in Betrieb!

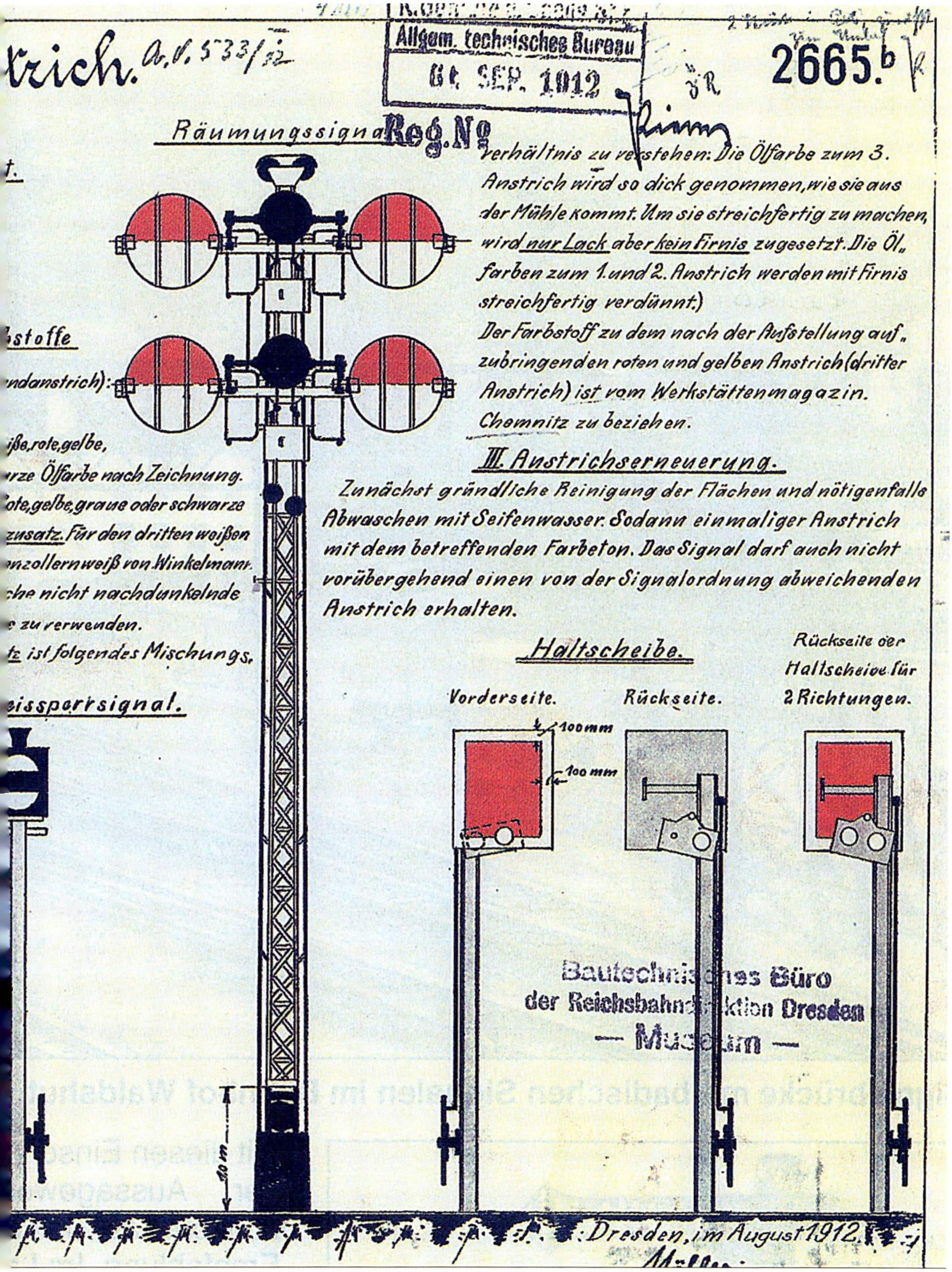

verhältnis zu verstehen: Die Ölfarbe zum 3. Anstrich wird so dick genommen, wie sie aus der Mühle kommt. Um sie streichfertig zu machen, wird nur Lack aber kein Firnis zugesetzt. Die Ölfarben zum 1. und 2. Anstrich werden mit Firnis streichfertig verdünnt.)

Der Farbstoff zu dem nach der Aufstellung aufzubringenden roten und gelben Anstrich (dritter Anstrich) ist vom Werkstättenmagazin Chemnitz zu beziehen.

III. Anstrichserneuerung.

Zunächst gründliche Reinigung der Flächen und nötigenfalls Abwaschen mit Seifenwasser. Sodann einmaliger Anstrich mit dem betreffenden Farbeton. Das Signal darf auch nicht vorübergehend einen von der Signalordnung abweichenden Anstrich erhalten.

Bei an der Signalbrücke hängenden Vorsignalen durfte der Zusatzflügel über der Scheibe angebracht sein.
Foto: Richard Schulz

C

1949
Die Hauptverwaltung der Deutschen Reichsbahn (West) führt am 31. März 1949 das Behelfssignalbuch ein.

1950
Als Rationalisierungsmaßnahme lässt die Deutsche Bundesbahn Weichenrückstrahlsignale zu.

1951
Die Deutsche Bundesbahn führt Sperrsignale ein.

1953
Im Raum Köln, das ist der Bereich Köln Hbf und Köln-Deutz einschließlich ihrer Abstellbahnhöfe, mit den neuen Selbstblocksignalen zwischen Köln-Nippes und Köln-Mülheim bzw. Köln-Kalk, werden folgende Neuentwicklungen eingeführt:

- Rangierfahrstraßen
- Mehrabschnittsignale (Ma-Signale)
- Zugnummernmeldung. [4]

Ein neues Lichtsignal taucht an den Bahnsteigen auf: der Abfahrauftrag.

1955
In der vom 1. März an geltenden Ausgabe des Behelfssignalbuchs sind als Anlage die Lichtsignale aufgenommen. Darin sind erstmalig weiß-rot-weiße und weiß-gelb-weiß-gelb-weiße Mastschilder an Lichthauptsignalen enthalten. Zu finden sind darin auch die Signale »Zughalt und Rangierverbot« (Gr 0) sowie »Zughalt! Rangierverbot aufgehoben« (Gr 1) als vereinigtes Lichthaupt- und Lichtgleissperrsignal und Vorläufer des späteren Hp 00 und Hp 0/Sh 1.

Auf der Strecke Würzburg – Gemünden beginnen die Versuche mit einem vereinfachten Signalsystem: grün = Fahrt und Fahrt erwarten, blinkendes Grünlicht = Langsamfahrt am Hauptsignal, blinkendes schräges Doppelgelb am Vorsignal = Langsamfahrt erwarten. Nicht eingeführt!

1959
Am 15. Dezember 1959 tritt nach neun Jahren Arbeiten am Entwurf bei der Deutschen Bundesbahn das neue Signalbuch in Kraft, welches das Signalbuch von 1935, das vereinfachte Signalbuch von 1943 und das Behelfssignalbuch ersetzt. [6, 8]

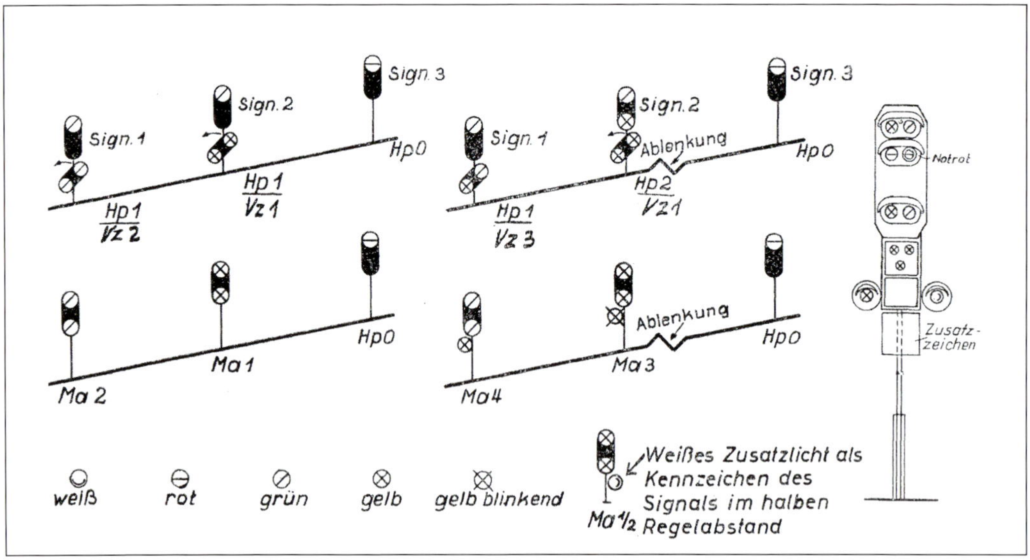

Im Raum Köln wurden Anfang der 1950er Jahre neue Lichtsignale eingeführt, die Ma-Signale.

Entnommen: Signal und Draht 1953

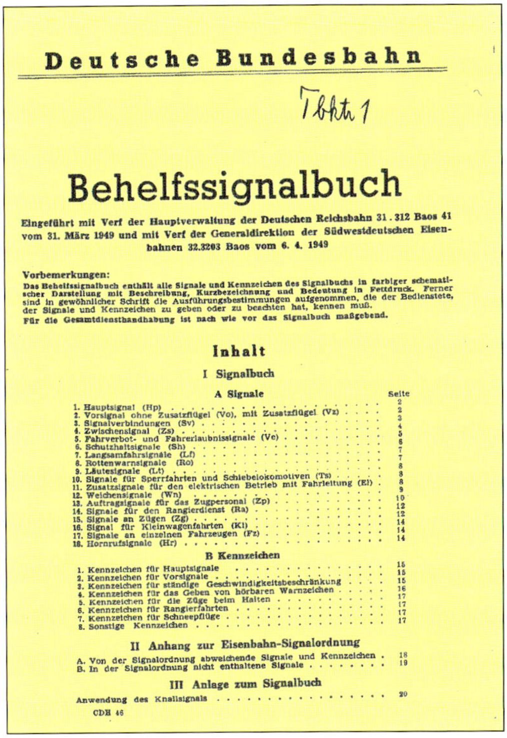

Deutsche Bundesbahn

Behelfssignalbuch

Eingeführt mit Verf der Hauptverwaltung der Deutschen Reichsbahn 31.312 Baos 41 vom 31. März 1949 und mit Verf der Generaldirektion der Südwestdeutschen Eisenbahnen 32.3203 Baos vom 6. 4. 1949

Vorbemerkungen:
Das Behelfssignalbuch enthält alle Signale und Kennzeichen des Signalbuchs in farbiger schematischer Darstellung mit Beschreibung, Kurzbezeichnung und Bedeutung in Fettdruck. Ferner sind in gewöhnlicher Schrift die Ausführungsbestimmungen aufgenommen, die der Bedienstete der Signale und Kennzeichen zu geben oder zu beachten hat, kennen muß.
Für die Gesamtdiensthandhabung ist nach wie vor das Signalbuch maßgebend.

Inhalt

I Signalbuch

CDH 46

Das seit 1949 geltende Behelfssignalbuch wurde in dieser Neufassung von 1955 fortgeschrieben.

Die 1935 eingeführte Unterscheidung in Kennzeichen (unbeweglich) und Signale (beweglich) wird aufgegeben. Weggefallen ist eine Vorschrift aus Uralt-Zeiten, als man an einem Signalmast die Flügel des Hauptsignals für beide Richtungen anbrachte.

Auch den Erkennungsmast gibt es nicht mehr. Er wurde – nachts mit einem weißen Licht – aufgestellt, um dem Lokomotivführer deutlich anzuzeigen, für welches Gleis ein daneben stehendes Hauptsignal gilt.

Weitere 21 Signale sind weggefallen, darunter das rote H am Hauptsignalmast (Vorbeifahrt auf Handzeichen), der Frühhalt- und Frühhaltvoranzeiger (weiß- bzw. gelbleuchtendes Kreuz, die Zwischensignale, das in Bayern gebräuchliche Ruhesignal, die Kreuztafel, die Hammersignale (= Abdrücksignale) auf Strecken in Bayern rechts des Rheins, das Signal Vr 102 mit drei Lichtern als Nachtzeichen des dreibegriffigen Vorsignals, Lf 104 (Geschwindigkeitstafel), Ne 102 (Vorsignaltafel für zweibegriffige Vorsignale).

Geändert wurden nun endgültig die Farben des Zusatzflügels am Vorsignal von weiß mit rotem Rand in gelb mit schwarzem Rahmen und weißem Rand. Bei der Deutschen Reichsbahn blieben die Farben übrigens wie früher.

Neu ist, dass zeitweilig betrieblich abgeschaltete Signale ein weißes Licht (Kennlicht) zeigen.

Infolge Einführung des Doppelrots (Hp 00 = Zughalt und Rangierverbot) muss bei Hp 0 (= ein rotes Licht) die Bedeutung »Zughalt« eingeführt werden. Mit dem Doppelrot kann auf das Signal Ve 4 b verzichtet werden. »Langsamfahrt« tritt an die Stelle des »Fahrt frei mit Geschwindigkeitsbeschränkung auf 40 km/h oder auf eine durch besondere Anordnung festgesetzte Geschwindigkeit«, eine vermeintlich zu umständliche Formulierung.

Auf die Unterscheidung in Vorsignale mit und ohne Zusatzflügel (Vo bzw. Vz) wird verzichtet. Für Lichtvorsignale im verkürzten Bremswegabstand wird das weiße Zusatzlicht sowie an der Vorsignaltafel und der ersten Vorsignalbake ein weißes Dreieck eingeführt. Vorsignalwiederholer erhalten ebenfalls das weiße Zusatzlicht; ihnen fehlen jedoch Vorsignaltafel und -baken.

Statt der Eckentafel (bisher K 6) wird das A als Lf 5 auf einer weißen Tafel angebracht.

Die Fahrverbot- und Fahrerlaubnissignale (Ve) werden mit den Schutzhaltesignalen in der Gruppe Schutzsignale (Sh) zusammengefasst.

Neu sind die Signale Ra 9 »Zurückziehen« am Ablaufberg, das Ra 13 Isolierzeichen, der grüne Ring als Lichtsignal Zp 9, die Vorsignaltafel mit den beiden Punkten im oberen und unteren Winkel (Ne 102) als Hinweis, dass das Vorsignal ohne Zusatzflügel »Fahrt oder Langsamfahrt« anzeigt, das Blinklicht-Überwachungssignal für lokomotivführerüberwachte Blinklichtanlagen, einheitliche Neigungswechseltafeln.

Die Deutschen Reichsbahn setzt ihr bereits für 1958 vorgesehenes Signalbuch am 1. April 1959 in Kraft. Vieles von dem, was bei der Deutschen Bundesbahn anders geworden ist, wurde auch bei der Deutschen Reichsbahn verändert, zum Beispiel die Zuordnung der Kennzeichen zu den

Signalen. [18]
Das neue Signalbuch berücksichtigt die neuen Lichthaupt- und Lichtvorsignale und den automatischen Streckenblock, sieht das permissive Fahren und das weiß-schwarz-weiß-schwarz-weiße Mastschild vor, führt den Absoluthalt am Hauptsignal, also auch für Rangierfahrten geltend, ein.
Die Umsetzung erfolgte schrittweise. Der Absoluthalt kam erst ab Jahresbeginn 1962 zur Anwendung. Die neuen Lichthaupt- und Lichtvorsignale (Hl) kamen gar erst ab Sommer 1962 zur Anwendung, nachdem die Versuchslichtsignale auf dem Südlichen Berliner Außenring umgebaut waren.

1963

Für Lichtvignale im verkürzten Bremswegabstand und für Vorsignalwiederholer, führt die Deutschen Reichsbahn besondere Tafeln ein. Von dem, im Signalbuch der DR ebenfalls vorgesehenen weißen Zusatzlicht verabschiedete man sich 1963 wieder. Eine Anwendung ist ohnehin nicht bekannt.

1971

Bei der Deutschen Reichsbahn tritt am 1. Oktober das neue Signalbuch in Kraft. Der Absoluthalt am Signal Hf 0 und die Rautentafel am Mast waren bereits 1962 in dem vorhergehenden Signalbuch durch eine Berichtigung nachgetragen worden. Die Vorsignale im verkürzten Bremswegabstand werden nicht mehr mit einem Zusatzlicht, sondern an der Vorsignaltafel gekennzeichnet, zweibegriffige Lichtvorsignale nicht mehr verwendet. Folglich kann die darauf verweisende Vorsignaltafel auf die Formvorsignale beschränkt werden. Der Lichtvorsignalwiederholer wird nicht mehr mit einem weißen Zusatzlicht gekennzeichnet, sondern durch eine Tafel. All das war bereits durch Verfügungen geregelt worden. Als Ersatzsignal blieb das weiße Blinklicht.
Neu sind das rote Mastschild für Lichthauptsignale, das Signal Lf 1/2 für Bahnhofsgleise, die Einführung der grün-weiß karierten Signalflagge als Signal Zp 9 b des Zugführers. die Wegübergangstafel (Zs 9).
Nun auch im Signalbuch gestrichen sind die Vorschriften zum Erkennungsmast (So 1). Ohne viel Aufhebens wurden auch die Räumungssignale von den sächsischen Bahnhöfen entfernt.

1977

Die Deutsche Bundesbahn erprobt vom 11. Juli an auf der Strecke Augsburg – Donauwörth ein neues Sk-Signalsystem für zulässige Geschwindigkeiten bis zu 160 km/h. Die Lichtsignale vereinigen an einem Mast Haupt- und Vorsignale. Nicht allgemein eingeführt, aber sie sind der Vorläufer der Ks-Signale.

1986

Das letzte Länderbahnsignal, das bayerische Ruhesignal Hp Ru ist endgültig ersatzlos gestrichen worden. In der folgenden Bekanntgabe 4 zum Signalbuch der DB war es nicht mehr enthalten.

1987

Am 31. Mai 1987 wird bei der Deutschen Bundesbahn die Bekanntgabe 4 (Berichtigungen sind bei ihr Bekanntgaben) zum Signalbuch gültig und damit das bisherige Signalbuch abgelöst. [2]
Die wesentlichen Änderungen sind:

- Das Knallsignal (Sh 4), von auf den Schienen befestigten Knallkapseln ausgelöst, ist nicht mehr enthalten.
- Als Schlusssignale ist nur noch Zg 2 enthalten. Als Nachtzeichen sind das Ruhelicht, das Blinklicht oder rückstrahlende Tafeln zugelassen. Die Signale Zg 3 und Zg 4 (runde Scheibe als Vereinfachtes Schlusssignal) sind einerseits aufgehoben, andererseits gilt Zg 4 weiter als Zug 102, aber nur als Tageszeichen und in der Rubrik »Künftig wegfallende Signale«.
- Der »Gefahranstrich« (Ne 8) ist ebenfalls ein »Künftig wegfallendes Signal«.
- Bei den Überwachungssignalen Bü 2 und Bü 3 wird das gelbe Licht durch eine rückstrahlende gelbe Scheibe ersetzt und Strom gespart. Die Signale müssen aber rückstrahlend sein.
- Für die Bahnübergangssignale sind Ankünde- und Kennzeichentafeln eingeführt.

1988

Vom 2. Mai bis 30. November 1988 erprobt die Reichsbahndirektion Dresden an Nebenbahnen des Vogtlandes ein bei den Tschechoslowakischen Staatsbahnen verbreitetes Rottenwarnsignal: eine kreisförmige weiße Scheibe mit der schwarzen Darstellung des Streckenarbeiters. Das Signal wird nach nach abgelaufener der Erprobung bei der Bahnmeisterei Falkenstein (Vogtl) nicht angewendet.

1991

Zum 1. Juli werden Teile des Signalbuchs der Deutschen Reichsbahn an das der Deutschen Bundesbahn angeglichen. Aus den Hf- und Vf-Signalen werden Hp- und Vr-Signale. Hp 0 gilt im Bereich der DR weiter für Züge und Rangierfahrten. Bei den Signalen Vr 0 und Vr 1 ist, eingeführt im Zweiten Weltkrieg, nur ein Licht zugelassen, sofern das Signal nicht am Hauptsignal steht.

1992

Die Deutsche Bundesbahn führt am 28. Mai das Signal Zs 10 (Endesignal) ein. Von diesem Signal an braucht die durch die Stellung des Hauptsignals Hp 2 (Langsamfahrt) eingeschränkte Geschwindigkeit nicht mehr eingehalten zu werden. Der Triebfahrzeugführer kann auf den folgenden Weichen bis zur im Fahrplan festgelegten Geschwindigkeit beschleunigen.

1993

Nach der Berichtigung 6 zur Dienstvorschrift 301 (Signalbuch) der Deutschen Reichsbahn ist das »permissive Fahren« (Fahren auf Sicht) nur noch bei der Berliner S-Bahn erlaubt. [5] Dementsprechend tragen nur noch die Signale im Netz der Gleichstrom-S-Bahn- das rote und das weiß-schwarz-weiß-schwarz-weiße Mastschild. Neu ist auf den anderen Strecken bei selbsttätigen Blocksignalen das weiß-gelb-weiß-gelb-weiße Mastschild.

Die Bahnübergangstafel (Zs 9) steht künftig auch vor einem mit weiß-gelb-weiß-gelb-weißem Mastschild versehenen Lichtsignal.

Neu ist das weiße Mastschild mit zwei schwarzen Punkten für Sperrsignale, die in ESTW an Stelle der Signale Ra 11 a aufgestellt werden.

Das Signal So 1 (bis 1971 war unter diesem Signal der Erkennungsmast zu finden, danach wurde die Textstelle frei gehalten) ist künftig die Endtafel mit der Bedeutung: Fahren auf Sicht beenden! Neu gestaltet ist der Stumpfgleis- und Frühhaltanzeiger (Zs 6), weil das vorherige Lichtsignal (drei gelbe Streifen) mit dem Geschwindigkeitsvoranzeiger verwechselt werden könnte.

Die Geschwindigkeitsanzeiger (Zs 5, Zs 105) erhalten statt der gelben weiße Kennziffern. Beim Signal So 16 wird auf die zwei gelben Lichter verzichtet, statt ihrer gelbe rückstrahlende Scheiben verwendet.

Die 10. Bekanntgabe und die 7. Berichtigung zum Signalbuch der Deutschen Bundes- bzw. Reichsbahn führt am 12. April die Kombinationssignale ein, für Jahre als Betriebserprobung bezeichnet. Dabei gilt das weiße Blinklicht in beiden Streckennetzen als Ersatzsignal.

1995

Mit Bekanntgabe 11 zum Signalbuch der Deutschen Bundesbahn entfällt am 18. Dezember das Doppelrot der Lichthauptsignale als eigenständiges Signal Hp 00. Es wird bei der planmäßigen Instandhaltung auf ein rotes Licht umgerüstet. [7] Das Signal Hp 0 ist nun auch von Rangierfahrten zu beachten. Gleichzeitig entfallen die Lichtsignale Sh 0 (DS 301) und Lsp / Hsp (DV 301). Jegliche Art des Rotlichts gilt seitdem einheitlich als »Absoluthalt« (Hp 0) für alle Zug- und Rangierfahrten.

Der Regionalbereich Netz München erprobt seit 30. Oktober, der in Erfurt seit 12. Februar 1996, ob auf die Nachtzeichen der Formvorsignale verzichtet werden kann, wenn sie rückstrahlend sind. Der Versuch wird nicht umgesetzt.

1996

Mit der Berichtigung 10 zur Dienstvorschrift 301 der Deutschen Reichsbahn 1. Januar wird die Kennzeichnung der Ks-Vorsignalwiederholer geregelt (weißes Kennlicht unter dem Signalbild).

Im »Geltungsbereich der DS 301« wird das Führen von zwei Tafeln des Signals Zg 2 (Schlusssignal) bei Güterzügen angewiesen.

Neu ist das Signal El 1 v, das das Signal El 1 ankündigt. Notwendig wird das Signal für umgeleitete Züge, wenn Triebfahrzeugführer ohne Strecken-

Spätestens ab 1955 bei der Deutschen Bundesbahn möglich: Der Zusatzflügel am Vorsignal wurde gelb mit schwarzem Rahmen und weißem Rand.

Hs
F
101
Hs
101

Die Deutsche Reichsbahn baute das Doppelrot ab 1962 nicht mehr ein. Es hielt sich aber bei einzelnen Signalen bis ins Jahr 2000. Die Deutsche Bundesbahn hielt an ihm als absolutem Haltsignal bis 1995 fest. *Foto: Emersleben*

kenntnis fahren sollen. Neu ist auch der Richtungspfeil an den Signalen El 1 v, El 1, El 3 und El 4, bisher nur am Signal El 6.

1998

Die veränderte Druckschrift 408 (Fahrdienstvorschrift) müssen die Signalbücher berücksichtigen, insbesondere dass aus Regionalbereichen, Niederlassungen und Fachabteilungen »Eisenbahninfrastrukturunternehmer«, aus dem Bahnhofsbuch und den Streckenlisten »Örtliche Richtlinien«, aus der Reichsbahndirektion, der Betriebsabteilung oder der Bahnmeisterei »Eisenbahninfrastrukturunternehmer« sowie aus der Deutschen Bahn »Eisenbahnen des Bundes« wurden.

1999

In den Medien wird das neue europäische Zugsicherungssystem European Train Control System (ETCS) vorgestellt und voreilig begründet, das sei das Ende der Signale.

So wird bereits im November 1996 mitgeteilt, entlang der Hochgeschwindigkeitsstrecke Köln – Rhein / Main werde auf ortsfeste Signale verzichtet, weil die gesamte Sicherungs- und Betriebsleittechnik über Funk gesteuert werde, doch im Februar 1997 entscheidet der Vorstand der Deutschen Bahn, dass vor Gefahrstellen wie Überleitstellen und Bahnhöfen, doch Lichtsignale aufgestellt werden, um unabhängig von der »Funkzugbeeinflussung« zu sein. Das Risiko eines vollständigen Ausfalls der neuen Technik wird so hoch eingeschätzt, dass auf eine Rückfallebene noch nicht verzichtet werden soll. Die neue Strecke wurde mit Linienzugbeeinflussung ausgerüstet.

Neben weniger herausragenden Veränderungen des Signalbuches im »Geltungsbereich der DV

Die beschleunigte Ausstattung der Bahnhöfe mit Zentral-Relaisstellwerken führt auch zur Verbreitung der Lichtsignale.
Foto: Richard Schulz

gleisen auch auf Hauptbahnen verwendet.

2016
Die, nur auf der Strecke Augsburg—Donauwörth vorhandenen Sk-Signale werden in das Signalbuch aufgenommen.

2020
Das Schlusssignal an Zügen wird an die technische Spezifikation für die Interoperabilität des Teilsystems »Verkehrsbetrieb und Verkehrssteuerung« des Eisenbahnsystems in der Europäischen Union (TSI OPE) angepasst. Damit entfiel auch der Unterschied zwischen Tages- und Nachtzeichen.

2024
Im Signalbuch werden die, bisher in den einzelnen Signalgruppen gegeben und für mehrere Signalgruppen gültigen Regeln in einem Modul für Haupt-, Vor- und Sperrsignale zusammengefasst. Da dabei die Anwendung von Formsignalen stark rückläufig ist, erfolgt ein historischer Wechsel zu Lichtsignalen als »führendem Signalsystem«.
Die Beschreibung einer ortsfesten signaltechnischen Einrichtung wurde konkreter formuliert und der allgemeingültige Begriff »Signal« für Haupt-, Vor- und Sperrsignale aufgelöst. [1]

Wenn auch das Doppelrot der Hauptsignale auf den Bahnhöfen noch zu sehen ist, im Signalbuch erscheint es seit 1995 nicht mehr als eigenständiges Signal

QUELLEN

[1] Signalbuch, Richtlinie 301 der Deutschen Bahn vom 14. Dezember 2008 in der Fassung vom 15. Dezember 2024
[2] DB-praxis, Mainz 6/1987
[3] Geschäftliche Mitteilungen der Deutschen Bahn vom 14. November 2008
[4] Signal und Draht, Frankfurt am Main 4/1953
[5] Deine Bahn, Mainz 12/1992
[6] Die Bundesbahn, Darmstadt 1959 S. 934 ff.
[7] Bahn-Praxis, Mainz 12/1995
[8] Die Lokomotivtechnik, Minden 11/12/1959
[9] Die Reichsbahn, Berlin 1935 S. 123 ff.
[10] Der Eisenbahnfachmann, Berlin 1940 S. 322, 323, 338
[11] Bahn-Praxis, Mainz 6/1994
[12] Deine Bahn, Mainz 8/2001
[13] Deine Bahn, Mainz 1/2001
[14] Deine Bahn, Mainz 9/2002
[15] Deine Bahn, Mainz 10/1999
[16] Amtsblatt der Reichsbahndirektion Dresden vom 17. August 1929
[17] Geschäftliche Mitteilungen der Deutschen Bahn vom 30. Mai 2003
[18] Der operative Dienst, Berlin 1958, 1959
[19] DB-Infrastruktur, Netz, Erläuterungen zu Änderungen der Regeln der 301 DS/DV im Rahmen der Bekanntgabe 6 vom 16. März 2006
[20] Zusammenstellung der Bestimmungen der Eisenbahn-Signalordnung 1959 (ESO 1959), einschließlich der gemäß ESO (4) genehmigten Signale mit vorübergehender Gültigkeit und der gemäß ESO (5) erlassenen Anweisungen zur Durchführung der ESO, gültig für das Netz der Eisenbahnen des Bundes (EdB); Eisenbahn-Bundesamt Sachgebiet 333, Stand 13.12.2020
[21] DB-Rahmenrichtline 132.0118 Arbeiten im Gleisbereich gültig ab 06.11.2023
[22] Unfallverhütungsvorschrift Arbeiten im Bereich von Gleisen - DGUV Vorschrift 78 – Fassung vom Juli 1999
[23] Bescheid des Eisenbahn-Bundeamtes Az Pr.3424-34aro/011-0007#005 vom 22.10.2013 / Signalbuch Ril 301 Bekanntgabe 7 gültig ab 31.01.2014
[24] Jürgen Krebs: Blocksignal frei - Aspekte des Bahnbetriebes im Spiegelbild zwischen Organisation und Technik in mehr als 180 Jahren deutscher Eisenbahn, Band 2 - nach 1945; Barby 2024
[25] Sammlungen betrieblicher Vorschriften verschiedener NE-Bahnen 2015 - 2020
[26] DB Netz AG (Regionen), Angaben für das Streckenbuch, 2022

Das war einmal! Im Streit, welcher Geschäftsbereich für die Bahnsteigaufsicht zuständig sei, wird diese von 1997 an abgeschafft. Den Abfahrauftrag geben der Zugführer oder der Triebfahrzeugführer sich selbst. *Foto: Slg. Rampp*

WEITERE INTERESSANTE BÜCHER ZUM THEMA

Jeder weiß, wie der Straßenverkehr funktioniert. Aber der Eisenbahnbetrieb? Wie arbeiten Menschen und Technik, um den regelmäßigen, pünktlichen und sicheren Verkehr von Güter- und Personenzügen zu gewährleisten? Der bekannte Fachautor Erich Preuß füllt mit diesem Buch eine Lücke in der Eisenbahnliteratur.
160 Seiten, 98 Abb., 170 x 240 mm
ISBN 978-3-613-71717-6
€ 39,90 | € (A) 41,10

Das Bahnbetriebswerk (Bw) war die Heimat der Lokomotiven. Hier wurden die Maschinen und Triebwagen mit neuen Betriebsstoffe versorgt, gewartet, gepflegt oder einfach nur abgestellt. So reichten vom einfachen Lokbahnhof mit einem einständigen Rechteckschuppen irgendwo in der Provinz bis hin zum Groß-Bw mit zwei oder drei Ringlokschuppen in einer Großstadt.
160 Seiten, 148 Abb., 170 x 240 mm
ISBN 978-3-613-71716-9
€ 39,90 | € (A) 41,10

In diesem Buch werden kleinere Schäden und deren Beseitigung an den unterschiedlichsten Dampfloks beschrieben, sodass es im Idealfall gar nicht mehr zu größeren Problemen kommen kann. Ganz egal, ob die Dampflok im regulären oder im Museumsbetrieb ist – hier findet jeder den richtigen Kniff!
192 Seiten, 120 Abb., 170 x 240 mm
ISBN 978-3-613-71700-8
€ 29,90 | € (A) 30,80

Die Diesellokomotive ist ein kompliziertes Gefährt und selbst der Motor, der vor gut 100 Jahren vorgestellt wurde, ist noch entwicklungsfähig. Dieses Buch soll auf verständliche Weise einen Überblick über die zentralen Bauteile einer Diesellok und deren Funktion geben.
312 Seiten, 300 Abb., 170 x 240 mm
ISBN 978-3-613-71535-6
€ 39,90 | € (A) 41,10

Leseproben zu allen Titeln auf unserer Internetseite

trans press

Überall, wo es Bücher gibt, oder unter
WWW.MOTORBUCH-VERSAND.DE
Service-Hotline: 0711 / 78 99 21 51
www.facebook.com/MotorbuchVerlag

Stand August 2024
Änderungen in Preis und Lieferfähigkeit vorbehalten.